COLLINS GOOD WOOD ;
BASIC WOODWORKING

First published as
Woodworking For Beginners in 1998
by HarperCollins Publishers, London

First published as this edition in 2001
by HarperCollins Publishers, London
Copyright © HarperCollins Publishers, 1998

Photography
The studio photographs for this book were taken by
Neil Waving, with the following exceptions:
Ben Jennings, pages 77, 98, 99, 100, 101 , 1066, 110,
112, 114, 122.
The authors and producers also acknowledge
addltional photography by, and the use of
photographs from, the following Individuals and
companies:
Robert Bosch Ltd., Uxbridge, Middlesex, page 105.
Council of Forest Industries Canada, West Byfleet,
Surrey, page 52. Cuprinol Ltd., Frome, Somerset,
page 116. Karl Danzer, Maldon, Essex, page 51.
John Hunnex, Woodchurch, Kent, page 58(T),121(CL)
International Festival of the Sea (Peter Chesworth),
Bristol, page 58(B). Gavin Jordan, Buckinghamshire
College, High Wycombe, Bucks, page 48. Langlows
Products Divlsion --- Palace Chemicals Ltd., Chesham,
Bucks, page 124. Georg Ott Werkzeug-Und
Maschinen Fabric GMBH & Co., Cermany, page 11
Stewart Linford Furniture. High Wycombe, Bucks,
(Theo Bergstrom), page 59, (Derek St Romain), page
120. Ronseal Ltd., Chapeltown, Sheffield, page
121 (TR). Simo Hannelius. Helsinki, Finland, page 60.
Richard Williams, Buckinghamshire College, High
Wycombe, Bucks, page 121(BR).

good wood basic
木工技能シリーズ ❶
木工の基礎

著者：
アルバート・ジャクソン、デヴィド・デイ
（Albert Jackson and David Day）

日本語版監修：
赤松　明（あかまつ あきら）
職業訓練大学校木材加工科卒。ものつくり大学建設技能工芸学科教授。主な著書(共著)『木工製図』(職業訓練センター)、『木製木槽設計施工の手引き』(日本住宅・木材技術センター)。主な監修書『木工技法バイブル』(産調出版)。

翻訳者：
花田 美也子（はなだ みやこ）

発　　行　2010年11月1日
発 行 者　平野　陽三
発 行 元　ガイアブックス
　　　　〒169-0074 東京都新宿区北新宿3-14-8
　　　　TEL.03(3366)1411　FAX.03(3366)3503
　　　　http://www.gaiajapan.co.jp
発 売 元　産調出版株式会社

Copyright SUNCHOH SHUPPAN INC. JAPAN2010
ISBN 978-4-88282-762-7 C3058

落丁本・乱丁本はお取り替えいたします。
本書を許可なく複製することは、かたくお断わりします。
Printed and bound in China

木工技能シリーズ ❶
木工の基礎

著者／アルバート・ジャクソン　デヴィド・デイ

日本語版監修／赤松　明

本書の活用にあたって

　本シリーズは6冊で構成され、木工技術の概要について解説された第1巻と木材の選択、工具、ルーター、接ぎ手、仕上げについて詳しく解説された第2巻から第6巻まで、豊富な写真とイラストによって身近な木材の加工についてわかりやすく解説している。

　本シリーズはイギリスで刊行されたもので、数ヶ国で出版されている。木材は地域性に富む材料であるから、その加工技術も地域によって大変異なる。地域性に大きく依存する技術であることを理解していただいたうえで、本シリーズを活用していただきたいと思う。

　本シリーズの専門用語の訳など全般的な検討は3名共同で行ったが、各部の監修は、第2巻の木材の選択と第6巻の塗装・仕上げは喜多山が、第1巻の木工の基礎と第5巻の接ぎ手は赤松が、第3巻の工具と第4巻のルーターは村田が、それぞれ担当した。

ガイアブックスは
地球(ガイア)の自然環境を守ると同時に
心と体内の自然を保つべく
"ナチュラルライフ"を提唱していきます。

木工の基礎

　本書は、木工の安全作業・木工具の種類と使用法・基本的な加工法・木材木質材の性質・基本的な表面処理と塗装法などを実物の写真やイラストを多用しており、これから木工をはじめようとする初心者にとって分かり易く丁寧に解説した良書である。本書には、基本的な木工具であるのこ・かんな・のみ・金槌などについて、それぞれの種類と基本的な使用法についてが記述されている。しかし、のこ、かんなは我国の使用法と異なるので、これらの使用にあたっては、材料の固定の仕方や加工手順については注意が必要である。本書に掲載されている材料は、国産材と異なることから原文のまま記載した。また、木材規格については我国の規格と異なっていることに注意が必要である。

はじめに

　木工には旋盤作業、木彫、象嵌、家具製作、指物細工といった多種多様な作業があるが、それぞれの専門職人はみな、ある一時期に計測、マーキング（墨つけ）、木作り、組み立て、仕上げなどの基礎を身につけている。本書の中心となっているのがこれらの基本的な木工技術である。

　材料の木材に墨付けをするには、三次元でものを考える能力や、どのようにしてどのような順番で1つの部品を他の部品と組み合わせればよいか想像する能力が必要である。また、要求される精度のレベルや使う木材の特性に応じて、どの道具がもっとも適しているかということも知っていなくてはならない。

　木作りとは、素材を正確な寸法どおりに加工する過程である。このとき、ほとんどの場合においてしっかりとかんながけをする必要がある。これは単純な作業ではあるが、完璧に行うには練習を要するものである。

　どんなに単純な木工作業でも、さまざまな接ぎ手の加工や組み立てがつきものである。昔から接ぎ手の製作は、木工作業者の技術を測る尺度と考えられてきた。それは、上手に接ぎ手を作るためには、特別に手と目の機能が調和しているだけでなく、美しくそして強度を損なわないよう慎重に1つの木材を他の木材に接合する最適な方法がわかるだけの経験を積んでいなければならないからだ。

　木材の仕上げは木製品の外観にはたいへん重要なので、伝統的に別個の技能と考えられていた。木材本来の色や美しさを引き出すのは、ニスを塗ったり磨いたりすることなのだろうが、すばらしい成果を得る鍵は表面をていねいに調整しておくことだ。これは少々退屈だが重要な仕事なのである。

　中心となるこれらの技術に加えて、木材の挙動特性を知っておく必要がある。木材は湿度の変化によって膨張と収縮を続ける独特の生きた素材だ。この湿度というのは、あらゆる木製品のデザインや構成において木工作業者がうまく対処しなければならない要素である。木材の中には他の種類よりも加工しやすいものがあるということ、そして種類にかかわらず1つ1つの木材が、木目のねじれ方や曲がり方において独特であるということがわかるだろう。わたしたちがほとんど手工具の使用についてのみ注目している理由の1つはそこにある。電動の工具や機械を使った木工作業の方が、簡単で速く正確であろうという考えに説得力はあるが、手工具による作業は、木目をこわさずに木材を切ったり形を整えたりする技能を伸ばすもっとも確実な方法だ。そのうえすべての熟練工が言っているように、作業に必要な機械を調整している間に手工具を使って仕事を終えてしまえることも多い。どの作業場にも機械化された工具を置いている場所はあるが、そういった工具は比較的高価なものなので、自分は何をするのがいちばん楽しいか経験からわかるまで待つということは道理にかなっている。そうすれば自分にもっとも適した機械をそろえることができるのだ。

　木工は魅力的でやりがいのある趣味だが、簡単なものだと思ったり、本1冊でたちどころに優れた職人になれると考えたりといった誤解をまねきかねない。実際の経験はなにより有能な教師であり、どんな本であれ期待できるのは、読む人をおだて、励まし、正しい方向に導いて悪い習慣よりは良い習慣を身につける機会を与え、しっかりとした基礎を提供することだけなのだ。

目次

はじめに　　6
作業場を整える／作業台／作業場の収納

工具と基本技術　　13
定規と巻き尺／直角定規と角度定規／罫引き／手のこ／のこを使う／
素材を支える／胴つきのこ／曲線挽きのこ／のこ身を交換する／金槌と木槌／
のみと丸のみ／かんな／ベンチプレイン／刃を研ぐ／手動ドリルと繰り子／
電動ドリル／ドライバー／木工用クランプ／木工用接着剤

木材の性質　　47
木材の起源／どのように木は生育するのか／木材の選択／木材の特性／木材の色／
木材の多彩な用途／合版／ブロックボードとラミンボード／繊維板／
パーティクルボード／木質ボードの作業

ジョイントを作る　　67
矩形打付け接ぎ／留形打付け接ぎ／平はぎ接ぎ／本核平はぎ接ぎ／
框組用だぼ接ぎ／だぼはぎ／カーカス突きつけ接ぎ／矩形3枚組接ぎ／
留形3枚組接ぎ／T形三枚組接ぎ／包み打付け接ぎ／追入れ接ぎ／
蟻形追入れ接ぎ／肩付き追入れ接ぎ／小根付き追入れ接ぎ／十字形相欠き接ぎ／
矩形相欠き接ぎ／T字形相欠き接ぎ／蟻形相欠き接ぎ／通しほぞ接ぎ／
通し蟻組接ぎ／ボトルとバレルナット／スクリューソケット／ブロック形留め具／
クランプの取りつけ方法

木材の仕上げ　　95
割れや穴の充填／研磨材／手で研磨する／サンダーによる研磨／
木材を削る／木目を埋める／木材を漂泊する／木材を染色する／浸
透性のある染料を塗布する／色を修正する／
あらゆる状況で使える仕上げ剤／ニスを塗る／低温硬化ラッカー／
ワックスポリッシュ／いろいろなオイル仕上げ

索引　　127

作業場を整える

安全できちんと整った作業場でなければ、一定水準の作業をこなすのは難しい。とくに最低限の手工具を使う予定であれば、おそらく使っていない部屋か地下室を小さな作業場に転用することはできる。しかし粉じんや刺激性のにおいや騒音は迷惑になることがあるので、サイズの小さな木工品を作るのでないかぎり十分な空間が必要だ。できれば車庫のような離れ家を利用するとよい。車庫の扉は比較的大きいので材料を運び込みやすく、中はすでに照明があり電源があることが多い。あるいは適度な大きさがある軸組構造の園芸小屋が使えるが、快適な作業条件と木材にとって安定した環境をつくるため、小屋には断熱処置を施すとよい。この断熱材は木質ボードを保管しているパネルの後ろに隠すことができ、このパネルは工具の収納場所やウォールラック、そして材料をきちんと整理しておく棚の裏材となる。

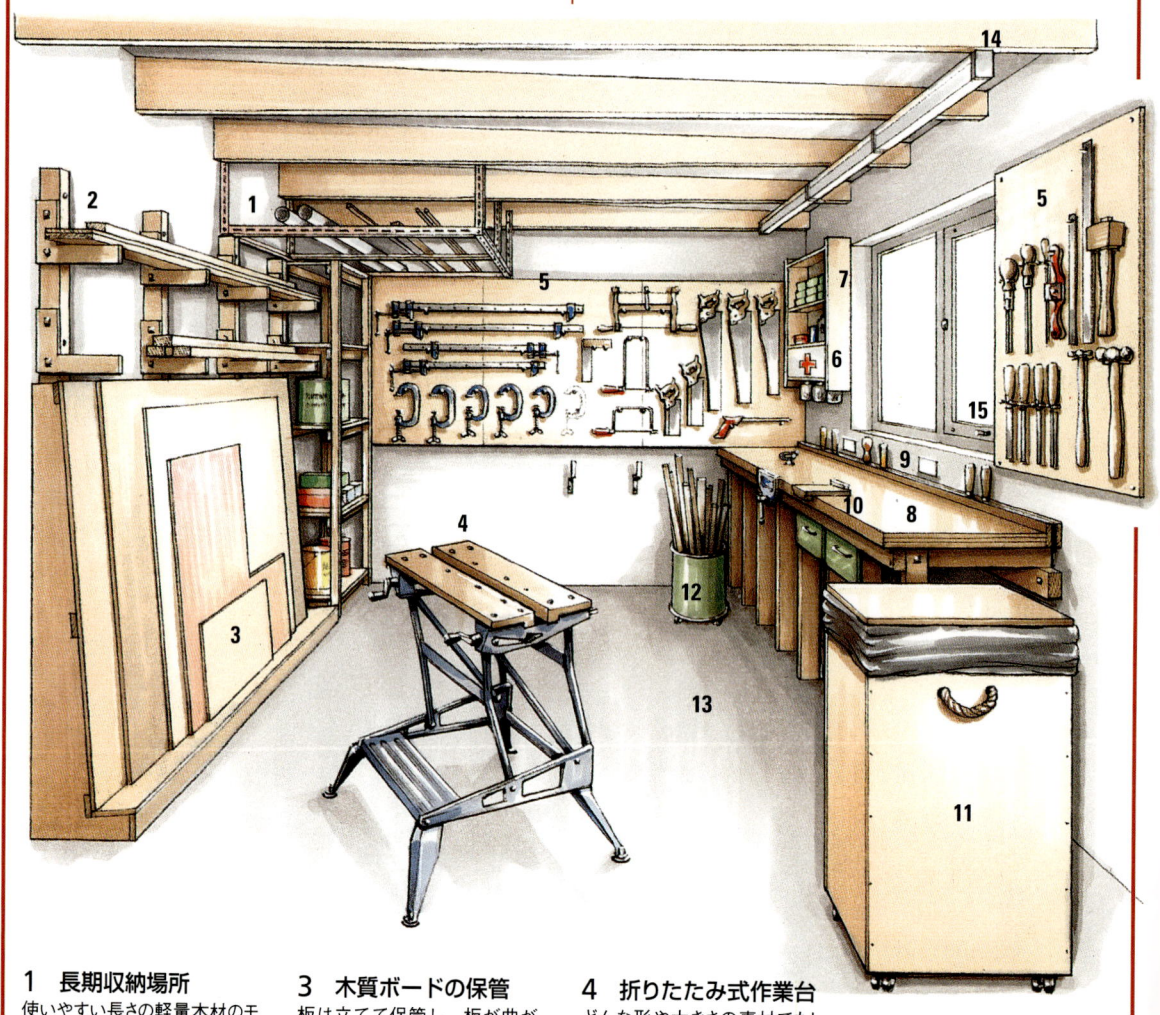

1 長期収納場所
使いやすい長さの軽量木材のモールディングや同種の材料は、つり下げの金属ラックに収納する。

2 木材の保管
できれば木材の大きなものは、壁にしっかりとボルトで固定した強度のある張出し棚に保管するとよい。たくさん載せすぎないよう注意すること。

3 木質ボードの保管
板は立てて保管し、板が曲がらないようしっかりと支えることができる専用の枠に床から離して置く。小さいものが前にくるようにする。

4 折りたたみ式作業台
どんな形や大きさの素材でもしっかりつかんだり支えたりできる折りたたみ式作業台は、作業場の中だけでなく家のまわりでの仕事にも使える。使わないときには折りたたんだ作業台を壁にすえつけた張出し棚に収納しておける。

作業場に必要な設備

前ページの作業場は、小さなガレージや大きな園芸小屋用に設計されたものである。イラストにあるように、大きな作りつけの作業台を片側におけるだけの幅が作業スペースにない場合、短い方の壁際に作業台を作るか、家具職人用の独立した作業台を使うとよい。今は工具があまり多くなくても、今後さらに入手する工具や備品のために十分な収納スペースをとっておくこと。

5 工具ラック
工具の大部分は、ダボつき釘や金属フックで省スペースのウォールラックにかけておく。工具の収納場所がわかるような記述を入れておけばなくなったときにわかる。

6 応急処置用具
応急処置用具は中身をきらさないよう、手が届きやすくよく見える場所に置いておく。

7 小さな部品
小さな缶や箱は幅の狭い棚に置く。ばらばらの釘や木ねじは中身がよくわかるガラス瓶に入れておく。

8 作業台
木工用の作業台は堅固なものでなければならない。壁に据えつけた作業台には針葉樹材の丈夫な枠をつけ、天板には3枚の手作り板を重ねて接着したものを使う。必要に応じて万力を天板に取りつけることができる。あるいは側面や端に万力が備えつけられた既製の作業台を買うのもよい（10ページを参照）。

作業場を自動車の整備にも使いたいと考えていて、独立した作業台を置く場所がない場合は、薄いプラスチックを重ねた板を使って作業台に合った取り外し可能な天板を作る。手前のへりに針葉樹材の横木を、奥のへりに立てた横木をねじで止める。

9 電気のコンセント
電動工具に必要な壁のコンセントは、天板の上にくるようにする。

10 作業台下の収納
作業台下の空間は吊り下げ式の引き出しや棚に利用すれば、壁にかけるには重すぎたり小さすぎたりする工具や部品を収納できる。

11 ごみ箱
可動式のごみ収集箱を作業台の横に置いておく。使いやすいよう、内側に使い捨てのビニール袋をつけておくとよい。

12 スクラップ箱
まだ使える素材の短い切れ端は箱などの容器に入れておく。キャスタをつけておけば動かしやすい。

13 組み立てエリア
大きな材料を切ったり、組み立てをしたり、仕上げ作業をしたりする際、折りたたみ式作業台や架台に載せて仕事ができるぐらいの場所をあけておくこと。

14 照明
とくに天板を照らすには蛍光性の照明器具を使う。木材の色を合わせやすくするため昼光の蛍光灯を選び、窓からの自然光をうまく利用すること。室内は白く塗り、光をより多く反射させるようにする。

15 安全性
窓やドアは確実に施錠し、泥棒や好奇心の強い子どもが入らないようにする。

作業場での健康と安全

きちんと分別をもって鋭利な工具を扱っていれば、作業場で重大な事故にあうはずはない。たとえそうであっても、有害な粉塵や刺激性のにおいや電動工具を使うときに飛ぶ小片や騒音から身を守ることが望ましい。

保護メガネ

衝撃に耐える強靭なポリカーボネート・プラスチックでできている保護メガネは、サイドスクリーンがほこりや木屑から目を守るようにデザインされている。

ゴーグル

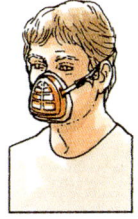

安全ゴーグルの硬いレンズを囲む柔らかなビニルフレームは、顔の輪郭にぴったりと合って異物が入るすきまを作らない。横からは空気が通り、レンズが曇るのを防いでいる。安全ゴーグルは通常、ふだん使っている眼鏡の上からつけることもできる。

フェイスマスク

簡単なフェイスマスクは細かい粉じんの吸入を妨げる。紙やガーゼのマスクがあり、フィルターを交換できるものもある。

マスク

カートリッジが2つついたプロ用のマスクは、毒性のあるほこりやガスの有害な影響を完全に遮断する。色で塗り分けられた互換性のあるカートリッジは、特定の物質を通すように設計されている。

防音・耳当て 聴力プロテクター

耳栓やクッションつきの耳覆いあるいは防音保護具などと呼ばれることも多いが、これらは過度に受ける騒音から聴力を守る。長期の傷害の原因となる音の大きな電動工具を使うときは常にプロテクターをつけること。

作業台

既製品の木工用作業台が、各種販売されている。長さも幅も異なったものが各種揃っているが、高さは81cmが標準。ほとんどのメーカーが、依頼主の注文に応じて高さを変更してくれる。家具職人用作業台が、2種類の万力、さまざまなタイプの工具入れなどを備え、最も多くの使い勝手のよい形を有している。

天板
たいていの天板が、ブナ材やカエデ材など硬く木目のつまった広葉樹材を使っているが、合板を使っているものもある。部分的に部材を変えるように注文することはできるが、天板が十分な厚さを持ち、表面の単板が一般的な摩耗、損傷、そしてスクレーパーによる定期的な清掃に耐えられることが条件。この種類の天板のうえに、さらに取り替え用のハードボードを張り付ける人もいる。

工具受け
多くの作業台には、天板の端に浅い溝が作られているが、それは大きな部材や木枠を作業台の上に渡すとき、天板の上の工具を一時的にその溝に入れ、いちいち工具を床に置かなくてすむようにするためのもの。付属の工具用の長い浅箱を天板の横に固定するようになっている作業台もある。

工具用細溝
作業台の後端にある細い溝は、作業中に一時的にのこ、角のみ、ドライバーなどを保管するのに便利。

スカンジナビア式作業台

工具受け
工具保管用細溝
広葉樹材の天板
引き出し
万力
第2の万力
当て止め
足枠にボルト止めした梁材

万力
どんな木工家も、少なくとも1台は大きな万力を作業台に据付けておく必要がある。作業台前面、脚の付け根にできるだけ近い所に固定する。これは、万力で固定されている部材に加えられた力によって、作業台が歪むのを防ぐため。

第2の万力
上級の作業台は、もう1台、天板の端に万力を備えている。

引き出し
ほとんどのメーカーがオプションで、小工具、研磨紙の残り、木ねじなどを入れるための1段の引き出しをつけている。天板の下全部を扉付き工具収納棚にしているものもある。

台枠
作業台を選ぶときは、台枠が頑丈で安定しているもの、そして天板に横から力をくわえても歪まないものを選ぶこと。

家具職人用作業台

家具職人用作業台

ほとんどの作業台は、全部が広葉樹材で作られているが、価格の安い針葉樹材を台枠に使っているものもある。台枠は通常ほぞ接ぎで作った2脚の足枠に、梁材がボルト留めされるかたちで組み立てられている。このかたちは、作業台を移動するときに便利だ。上質の作業台は、すべて厚さが5cm以上の長方形の天板がついており、万力が側面と端の2ヵ所に据付けられている。

折りたたみ式作業台

作業場がない、あるいは空間が限られているという場合は、必要のないときに折りたたんで収納することができる作業台が便利。それはまた、作業場において馬台としても使えるし、屋外での作業のための携帯用作業台としても使える。

天板は2枚の幅の広い板からできており、そのうちの1枚が万力のアゴの役目をはたし、両側にあるハンドルを回すことによって、先細の材でも、平行な長方形の材でも固定することができる。機種によっては、その同じアゴの板を、もう1枚の上にくるようにセットし、下方向に締め付けることができるようになっているものもある。天板の上にあるドリルであけた穴は、プラスチック製のペグを差し込んでストッパーにするためのもので、特殊な形状の材でも固定することができる。

金属製の台枠は、伸ばすと標準の作業台の高さになり、下の脚の部分だけを折りたためば、大きな材をのこで切断するときのための低い馬台になる。

木工用万力

コンチネンタル式万力は、材をはさむためのアゴが厚い木でできている。別のタイプとしては、鋳物で作ったアゴに、材をはさんだときに締めあとが残らないように木を貼り付けたものもある。また金属製の万力には、レバーをまっすぐ押したり引いたりすると、ねじが解除され、すばやくアゴが開いたり閉じたりする早締め機構のついたものもある。

エンドバイスは、その上部にあいている穴と、天板の片側または両側に一定の間隔であいている穴に金属製の当て止めを差し込み、それによって材を作業台にそわせて固定するときに使う。

コンチネンタル・スタイルの万力

ホールドファスト

材を作業台天板に固定する移動可能なクランプ。ドリルで天板にあけた穴に金属製のカラーを取り付け、それに長い軸を差し込み固定しているもので、ねじを回すと旋回する腕が材を天板に押しつけ固定する。

長い材の固定

作業台の脚にもう1箇所穴をあけカラーを取りつけておくと、ベンチバイスとホールドファストで長い材の両端を固定することができる。

作業場の収納

かつて木工作業者はたいてい工具を頑丈な道具箱に入れていたが、スペースが節約できる工具ラックや棚を使う方が便利である。洗練されたものや凝ったものである必要はないので、作業場の収納用具は比較的作りやすく、かなりの節約になる。

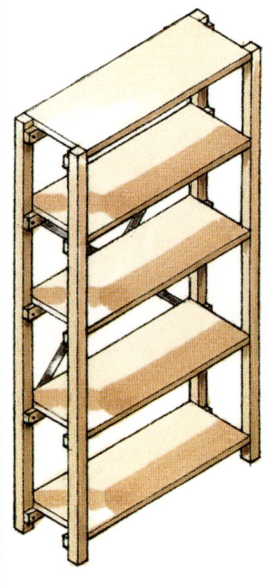

床止置き棚

床置きの棚は重い材料や用具にはうってつけだ。50×50mmのかんながけした針葉樹材に、50×25mmの針葉樹材の横木を手前と奥にボルト止めして垂直部材を作る。棚板は厚さ18mmの木質ボードで、せいぜい幅750mm、奥行き300mmのものにする。曲がらない帯鋼を棚の裏側に対角線を描くようにねじで取りつけ、枠組みを補強する。

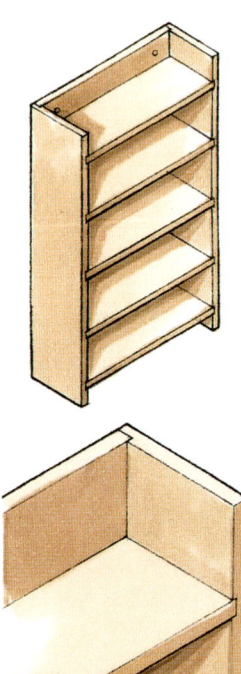

壁据えつけ棚

壁に据えつける奥行きの狭い棚は小さなものの収納に使う。横板と棚板は厚さ18mmの手作り板で作る。全体はせいぜい高さ1m、奥行き150mmにする。横板に長さ600mmの棚板を差し込むための追入れ（80ページを参照）を切り込む。横板の奥の角には、上と下に横木をはめこむ包み打付け接ぎの段欠きをする。

部品を接着剤やねじで組み立ててから、上と下の横木を壁にねじで取りつける。

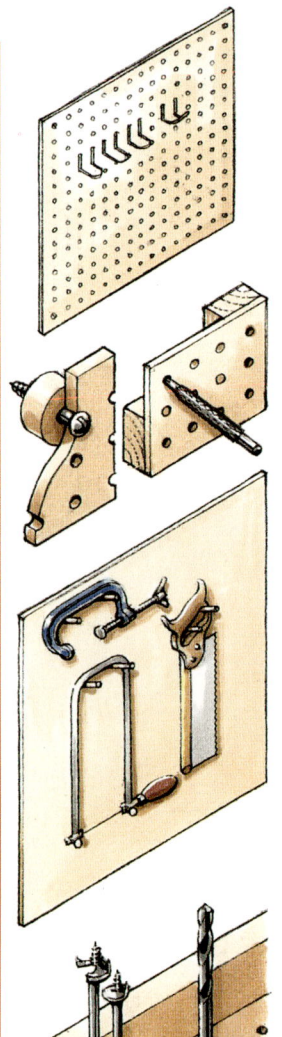

ワイヤーフックを使った工具ラック

工具ラックを作るときは穴のあいた硬質繊維板と、ワイヤーのハンガーで作った金属のフックを使う。厚さ6mmのパネルを壁に取りつけるとき、軽量工具用には1つ1つのねじの裏に壁とパネルの間隔をあけるためのブロックを入れる。少し重い工具用の場合は、パネルを針葉樹材の枠に止める。

釘を使った工具ラック

厚さ12mmの木質ボードを1辺1mほどの正方形に切ってパネルを何枚か作る。工具を並べて、それらをかけるための50×12mmのペグを打つ場所にしるしをつける。ペグを入れるための穴は5度ぐらいの角度をつけてあけ、そこにペグを接着する。壁にパネルをねじで取りつける。

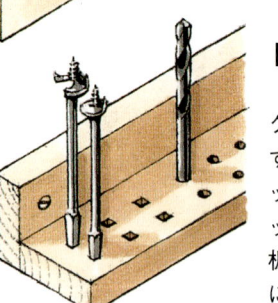

ドリルビットの収納

ドリルビットは木のブロックにあけた穴に立てて収納すると選びやすくなる。ブロックを棚に立てておくか、ブロックの向こう側のへりに木の板を釘と接着剤で止めて壁にねじで取りつけられるようにする。

小さなものを入れる容器

半端な材料を棚にきちんと保管するには、プラスチックの食品保存容器を再利用する。サインペンで容器に中身を明記するかステッカーラベルを使う。

ねじ蓋つきのガラス瓶は、釘やねじやナットとボルトのようなばらばらの部品の保管に役立つ。奥行きの狭い棚に瓶を置いておくか、棚板の下に瓶のふたをねじで止める。

工具と基本技術

定規と巻き尺

測定器具は最上のものであっても、それほど高いものではないので、ほとんどの木工家が用途にあわせて多くの種類の定規や巻き尺を揃えている。とはいえ、同一作業においては同一の定規、巻き尺を使うことが肝要。器具のあいだに誤差があるかもしれないからだ。メーター法とヤードポンド法の両方の目盛りがついた定規や巻尺を購入するのは合理的だが、実際の仕事の場で両方の尺度を使い混乱することがないように注意する必要がある。同一の部材を複数作るときは、まず1つの部材を正確に測り、それを型にして他の部材の墨付けをすると、正確に同じものができる。

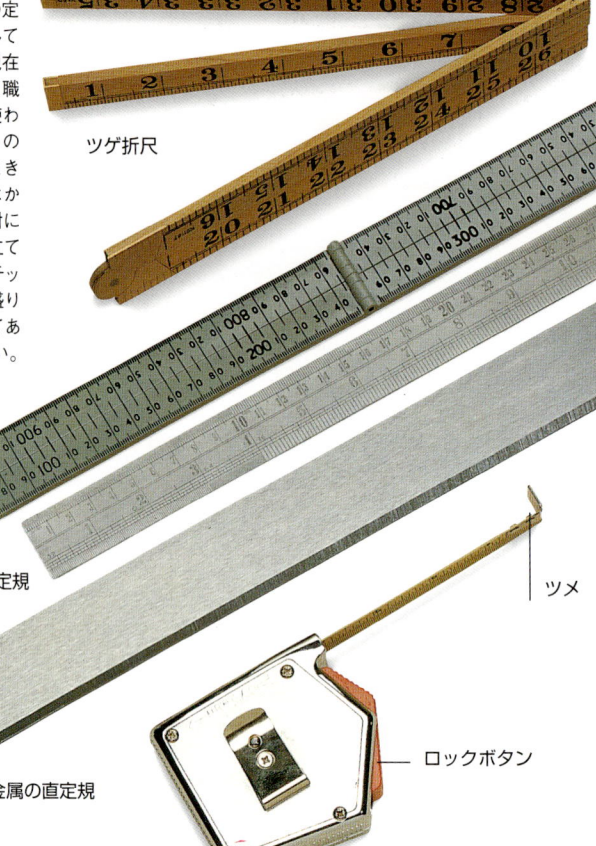

折尺
大工用折尺は、ツゲ材の定規、真鍮のヒンジ、そして止具からできていて、現在でも伝統を大切にする職人のあいだではひろく使われている。大部分のものが、最大に伸ばしたとき1mになるもの。折尺はかなり厚みがあるので、材に正確な寸法を移すとき立てる必要がある。プラスチックでできた折尺は、目盛りの部分に斜角がつけてあるので、この問題はない。

ツゲ折尺

プラスチック折尺

スチール定規

金属の直定規

自動巻取り式巻尺

ツメ

ロックボタン

巻き尺
2mから5mの長さで、両側に目盛りが打ってあるものが一般的。テープが自動的に戻るのを防ぐロックボタンつきのものもある。またテープが損耗したときに、それだけを交換できるタイプのものもある。誤ってテープが巻き戻っても、テープがどれだけ引き出されていたかがわかる液晶表示のついたメジャーもある。
また、作業台の天板の端に長く伸ばして貼りつけて使うことができる、ケースなしの自着式のスチールテープも発売されている。

スチール定規
30cmのステンレス製定規は、短い材に墨付けをするとき、あるいは電動工具の定規を調節するときに便利。また短い直定規のかわりとしても使える。

直定規
50cmから2mのどっしりとした直定規は、どんな作業場にも必ず1本は必要だ。端に斜角がつけてある直定規は、カッターをそわせて材をカットするとき、またかんなで削った表面が完全に平らになっていることを確かめるときに最適。メーター法またはヤードポンド法の目盛りのついたものもある。

ツメつき定規
材の端からの長さを測るとき、先端にツメのついたスチール定規が便利。

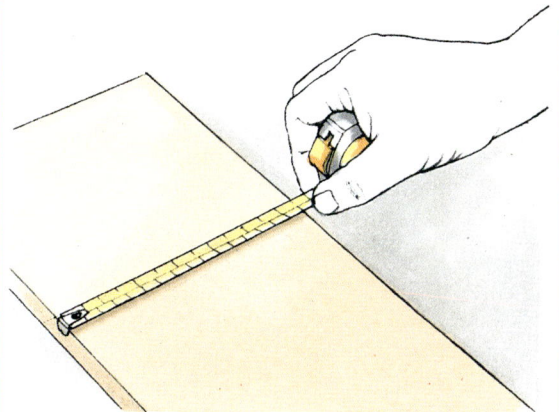

外寸の測定
　材の外寸を巻尺で測定するときは、メジャー先端のツメを材の一方の端に引っ掛け、反対側の端の目盛りを読む。

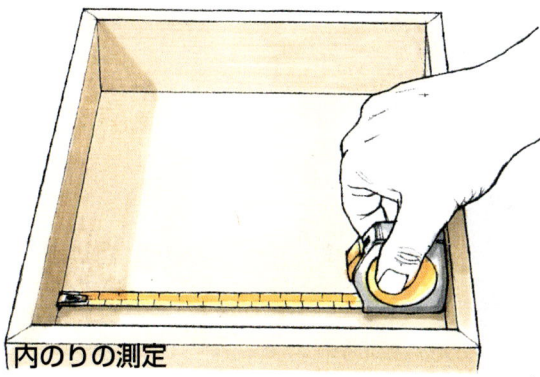

内のりの測定
　2つの部材にはさまれた内のりを測定するときは、テープ先端にリベット留めしてあるツメを一番手前まで移動させる。こうすることによってツメの厚さを補正することができる。ツメを一方の部材の壁に押しあて、テープがケースから出ている箇所の目盛りを読む。つぎにその長さにケース本体の長さをプラスすると正味の内のりがでる。

ピンチロッドを使う
　内のりを測定するもう1つの方法に、2本のまっすぐな細い木の棒を横に並べて材のあいだに渡し、適当な箇所に2本をまたぐ線を引き、相対的な位置に印をつけておくという方法がある。2本の棒を握ったまま線がずれないように別の材に移動させると、正確な寸法を移すことができる。

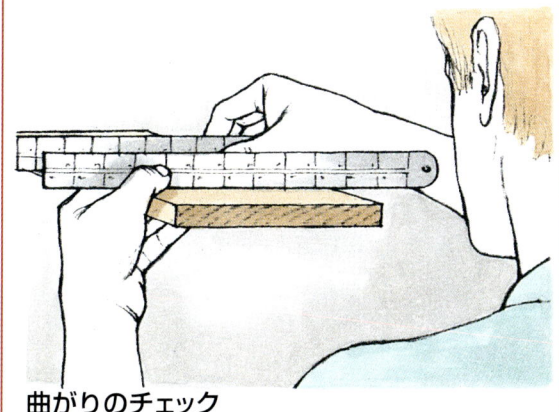

曲がりのチェック
　板のねじれ、または"曲がり"の有無をチェックするときは、2本のスチール定規を端から端に渡す。その2本の定規が平行に見えるならば曲がりは生じていないということになる。

材の等分割
　材の等分割は、どんな定規、メジャーを使っても簡単にできる。たとえば材を4分割する場合、一方の端に定規の先端をあわせ、4の倍数になる目盛りがもう一方の端にくるように定規を斜めに渡す。あとは4等分した長さに印をつければよい。

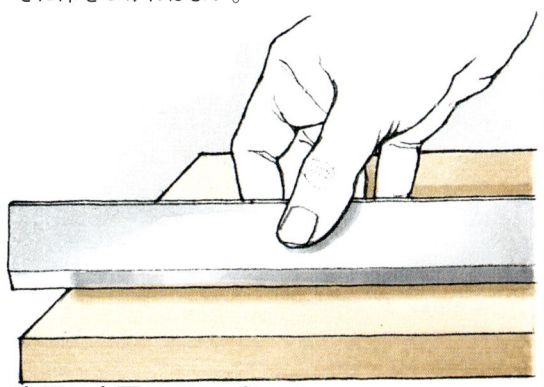

表面の水平のチェック
　板の表面が水平かどうかを確かめるときは、直定規を横向きに立てて板の表面に置く。直定規が前後に揺れるときは、隆起があり、また直定規の下から向こう側の光がもれているのが確認できたら、くぼみがある証拠。直定規をさまざまな方向に動かして、表面全体の凹凸をチェックしよう。

直角定規と角度定規

直角定規と角度定規は、材に線引きをするとき、そして個々の部材や組立品の制度チェックするときに用いる。

直角定規
正確な直角を出すための工具で、最高級品は、ブルースチール製の長手を、真鍮でふち取ったローズウッドの妻手にリベットで留めたもの。長手が30cmの直角定規が一般作業用として最適だが、それよりも小型の全金属製の技師用の直角定規があると、精密な作品の製作や電動工具の調節をするときに便利。

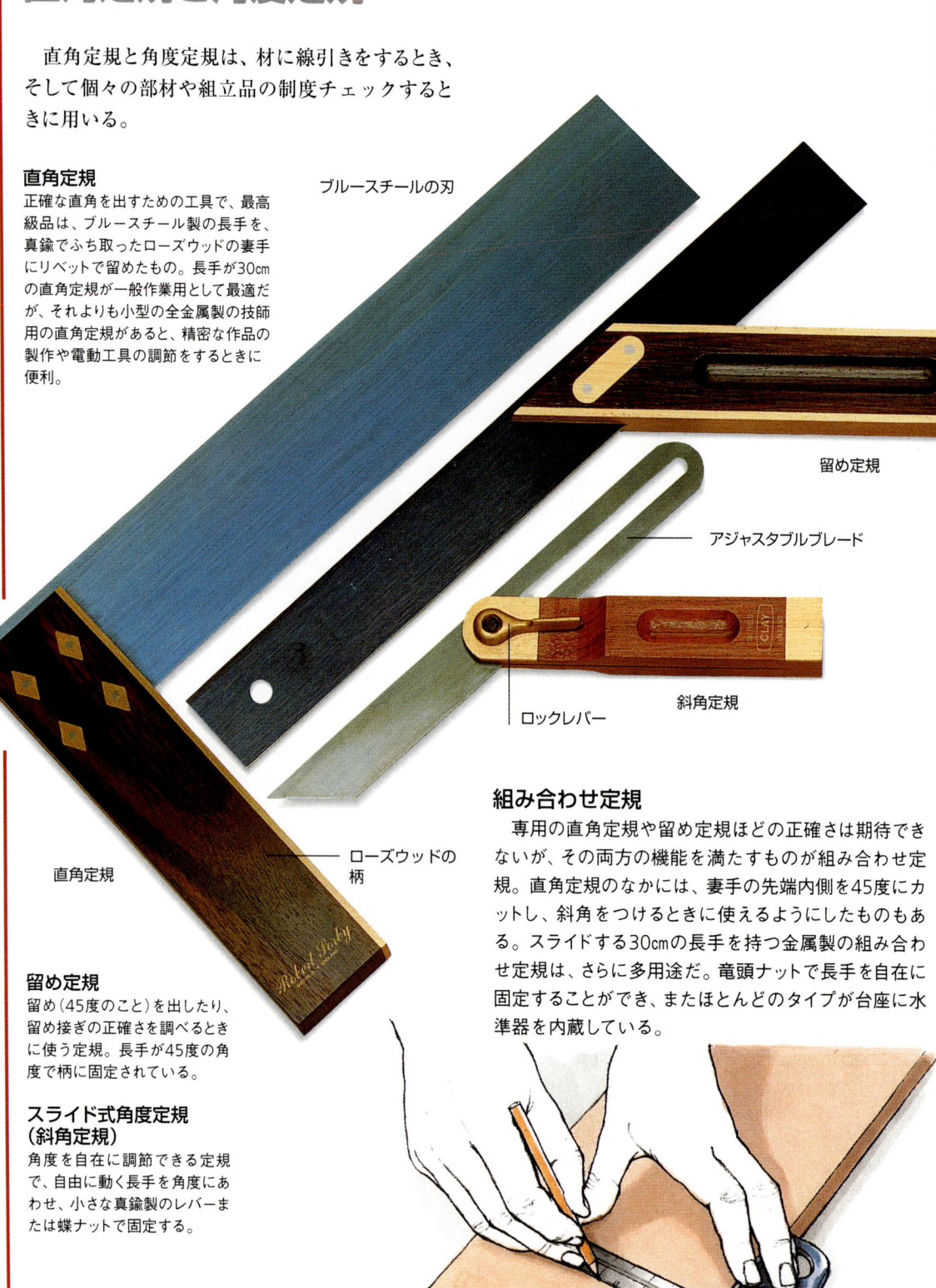

ブルースチールの刃

留め定規

アジャスタブルブレード

ロックレバー　斜角定規

ローズウッドの柄

直角定規

留め定規
留め（45度のこと）を出したり、留め接ぎの正確さを調べるときに使う定規。長手が45度の角度で柄に固定されている。

スライド式角度定規（斜角定規）
角度を自在に調節できる定規で、自由に動く長手を角度にあわせ、小さな真鍮製のレバーまたは蝶ナットで固定する。

組み合わせ定規
専用の直角定規や留め定規ほどの正確さは期待できないが、その両方の機能を満たすものが組み合わせ定規。直角定規のなかには、妻手の先端内側を45度にカットし、斜角をつけるときに使えるようにしたものもある。スライドする30cmの長手を持つ金属製の組み合わせ定規は、さらに多用途だ。竜頭ナットで長手を自在に固定することができ、またほとんどのタイプが台座に水準器を内蔵している。

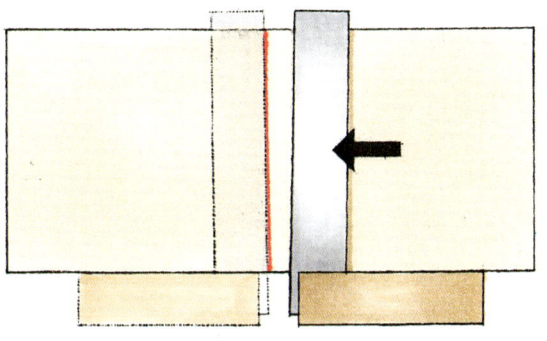

直角定規の精度検査
　直角定規はときどき精度検査をする必要がある――長手が固定されていない組み合わせ定規の場合はとくに重要。直角定規で材の1辺に対して直角に線を引き、つぎにその同じ直角定規を裏返してその線にあわせてみる。鉛筆の線と長手の辺がぴったりあえば、その直角定規は正確ということになる。

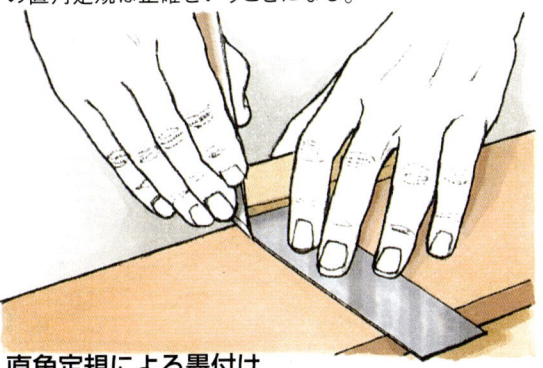

直角定規による墨付け
　材を直角な胴付を印付けるときは直角定規を使う。最初はまず鉛筆で接合部に線を引くが、のこやのみを入れる線は、必ずその後片刃の白書きで墨付けをする。そうすることによって材の表面の繊維が切断され、正確な線が出せる。
　白書きの先端を鉛筆の線の上に置き、直角定規の長手の辺をナイフの刃先の平らなほうに押しつける。直角定規の柄を材の見込面にしっかりと押しつけて保持し、鉛筆で墨付けした線にそって白書きを手前に引く。

接合部の直角の検査
　材を直角に接合するときは、接合部の内側の角に直角定規をあてる。長手と妻手がぴったりあえば、正確に接合できている。

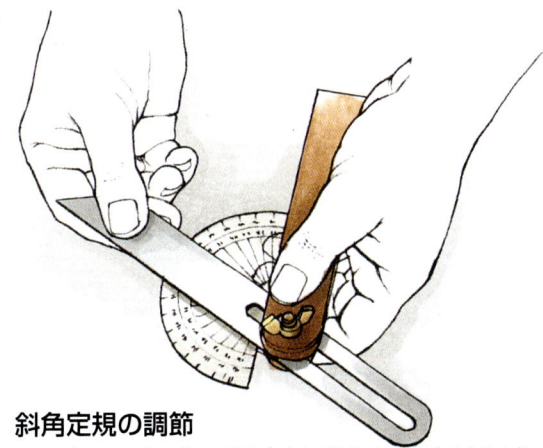

斜角定規の調節
　アジャスタブルブレードを自在に動かすことができるようになるまでロックレバーをゆるめる。分度器の底辺に柄を押しあて、刃を角度にあわせ、レバーをきつく締める。

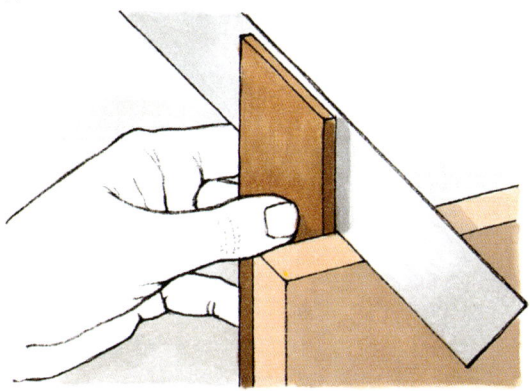

留めおよび斜角の検査
　留め定規または斜角定規を、アジャスタブルブレードが斜角のついた側面にあたるように置き、そのまま材の端から端までスライドさせて角度を検査する。

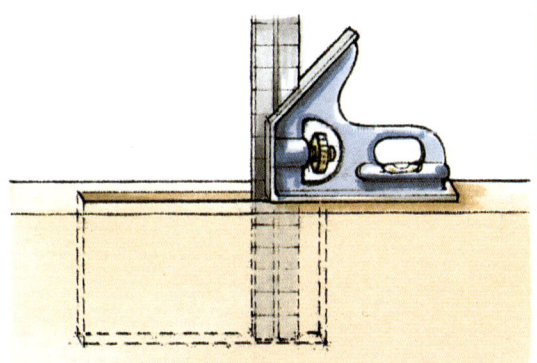

直角定規による深さ測定
　ほぞ穴の深さを測定するときも組み合わせ直角定規を使うことができる。竜頭ナットをゆるめ、アジャスタブルブレードの先端をほぞ穴の底に押しあて、同時に台座の底を材の表面に押しつける。そのまま竜頭ナットを締め、器具を持ち上げて台座から刃が出ている箇所の目盛りを読めば、それがほぞ穴の深さになる。

罫引き

罫引きは素材のへりと平行な細線をひけるように設計されており、通常は接ぎ手の墨付けをしたり核はぎの溝を書いたりするのに使う。

罫引き

罫引きには調節可能な定規板がついているか、先のとがったスチール製のピンがついた広葉樹材の棒に沿ってスライドし片方の端へ動く握りがついている。握りは棒のどの位置にでもつまみねじで止めることができる。上等な罫引きには、握りの素材が当たる面に2本の真鍮の細い薄板が平らについていて、傷みを防ぐようになっている。

ほぞ罫引き

ほぞ罫引きには片方が固定されもう片方が調節できる2本のピンがついていて、ほぞ穴の両側の線を同時にひくことができる。いちばん上等な罫引きでは、棒の端についているつまみねじを使って、動く方のピンをかなり細かく調節することができる。大部分のほぞ罫引きには棒の裏側にもう1本のピンがついているので、標準的な罫引きとしても使える。

罫引き（すじ罫引き）

カット用罫引きには先のとがったピンの代わりに小型の刃がついていて、木部繊維を傷つけることなく木目の上に線をひくことができる。この刃は真鍮のくさびで留められていて、研ぐときには取り外すことができる。さまざまな矩形接ぎの墨付けに使われる標準的なケガキ刃は、先端が丸くなっている。ベニヤの細片を切るときには鋭利なナイフの刃に取り替えるとよい。

曲線用罫引き

ふつうの罫引きでは、曲線に平行な線をひくことは事実上不可能である。曲線用罫引きには2ヶ所で素材にあたるようにした真鍮のフェンスがついていて、握りが素材のへりをなぞりながらぐらつかないようになっている。これは直線の木端にも同じように使うことができる。

長棹罫引き

標準的な罫引きは200mmの棒がついているが、木質ボードに線をひくための、棒の長さが800mmにもなる特殊な罫引きがある。このような長棹罫引きについている握りは比較的幅が広いので、くさびや木ねじで留まるようになっている。

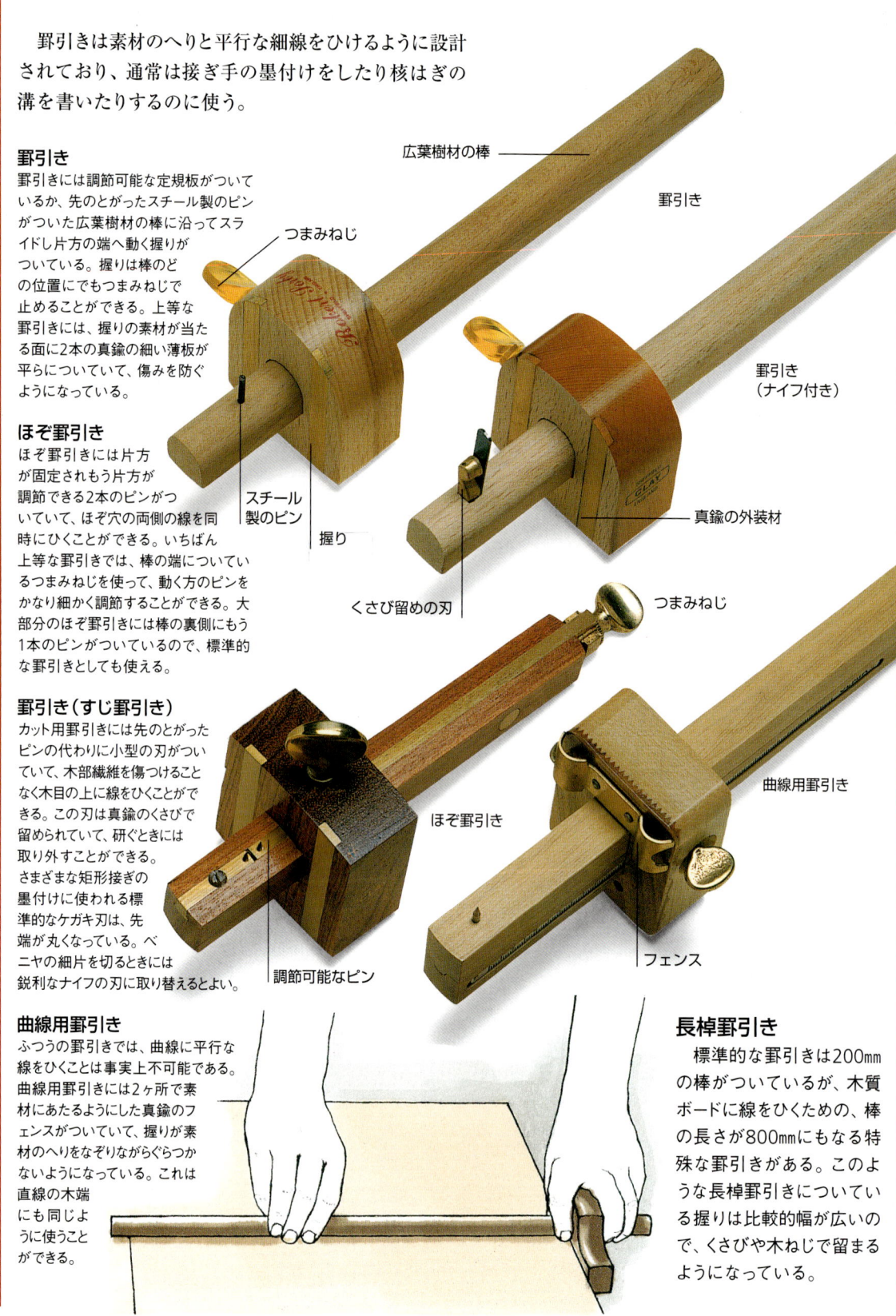

1 罫引きのセッティング

罫引きには、棒に目盛りがついていて握りの調節がしやすくなっているものがあるが、ふつうは定規を使ってピンを合わせなければならず、そのうえで握りを定規の端にあたるところまで親指でスライドさせる。

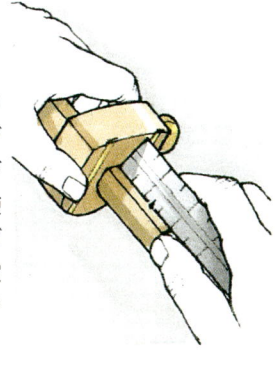

2 罫引きの調節

つまみねじを締め、セッティングを確認する。必要であれば棒の端で作業台を軽くたたいてピンと握りとの間隔を広げることで細かい調節をする。この間隔を狭めるには、ピンがついている方の端でたたくとよい。

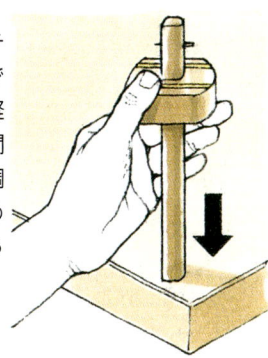

ほぞ罫引きのセッティング

2本のピンの間隔を向待のみの幅に合わせてから、握りを脚や框の厚みに合わせてセットする。適度に握りを調節しながら、同じピンのセッティングを使って穴に合ったほぞを作る。

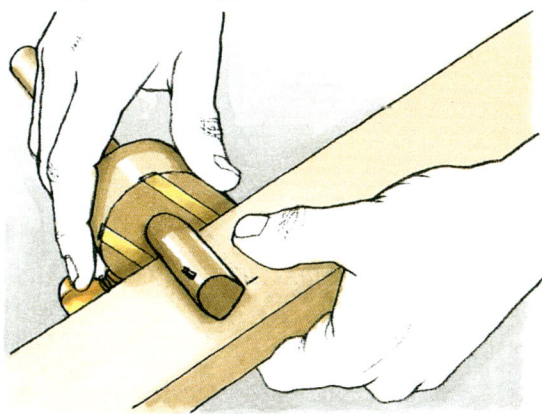

罫引きによる線引き

ピンが自分の側にくるようにして棒を素材にのせ、握りが素材の横にあたるまでスライドさせる。ピンが木材を刻める位置にくるまで回転させ、罫引きを向こうに押してくっきりとした線をひく。

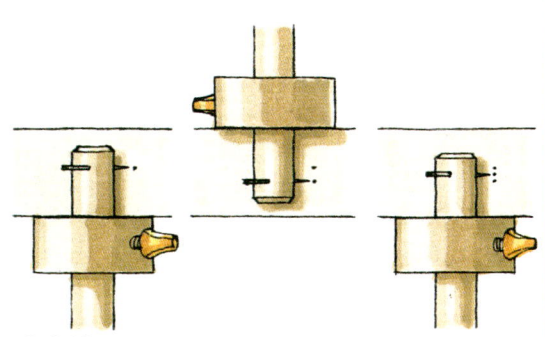

中央線をひく

桟や框の中央を正確に知るためには、できるだけ正確に罫引きをセットしたうえで、まず素材の片側から、次いで反対側からピンで穴をあけて寸法を確認する。ピンの穴までが短かったり中央を越えていたりする場合は、両方からの穴が一致するまで罫引きを調節する。

即席の罫引き

それほど正確さを要求されない木工品の場合は、鉛筆で線をひいてもよい。

指先を使う

素材の木端に指先をすべらせて、鉛筆の先が木端と平行に動くようにする。

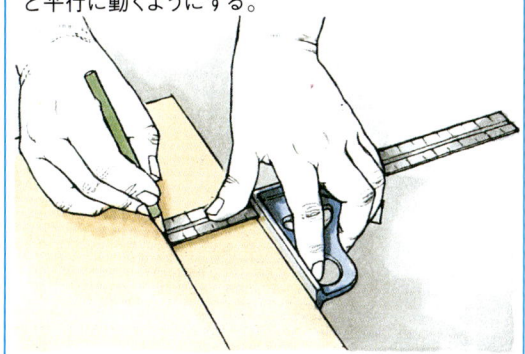

組み合わせ定規を使って線をひく

少し幅広い寸法をとる場合、組み合わせ定規のヘッドを素材の木端にすべらせ、定規の端で鉛筆の先を運ぶ。

手のこ

　手のこは、かんなをかける前段階として、無垢の厚板や、木質ボードをより小さな部材に製材するための工具。最高級の手のこは、のこ自体の重さを軽減し、バランスを良くするために、のこ身の背が先端に向かってゆるやかなS字曲線を描いている（スキューバック）。またのこの刃先の上の部分が、挽き道が大きくならないように刃先よりも薄くなるように研がれている（ホローグラウンド）。

スキューバック・ホロー型のこ

縦挽きのこ

無垢材を木理にそって切断するときに使うのが縦挽きのこで、65cmののこ身を持つ最も大きな手のこだ。縦挽きのこの歯は、歯喉がほぼ垂直に立ち上がり、のみの刃先のように、目立てされている。最小のものをのぞき、歯は交互に左右に曲げてあり（あさり）、のこ身よりも広い挽き道ができるようになっている。これにより、のこが材のなかで身動きできなくなるのを防ぐことができる。縦挽きのこは、通常5から6のPPIで歯がついている（次ページを参照）。

縦挽きのこ

横挽きのこ

横挽きのこは、無垢材を木目を横切るかたちで切断することができる歯を持っており、厚板や角材を一定の長さに切り分けるときに使う。すべての歯は、14度の角度（ピッチ角）で後方に傾いており、挽き道の両側で木繊維を切断することができるように、歯の先端と側面が研がれている。のこ身の長さは60cmから65cmで、PPIは7から8。

パネル用のこ

パネル用のこは、小さめの横挽きのこの歯が10PPIでついたもので、主に木質ボードを切るするときに用いる。また無垢材を横挽きするときにも使うことができる。のこ身の長さは、通常50cmから55cm。

パネル用のこ

パネルソー

万能のこ

いくつかのメーカーが製造しているが、歯のかたちは横挽きのこに似ており、木目にそっても、それを切るようにも切断することができる。6から10までのPPIのものがある。

フリーム歯のこ

押すときだけでなく、引くときも木材を切断するように使う場合にとくに有効なのが、斜め歯の横挽きのこ。ピッチ角は22.5度になっている。

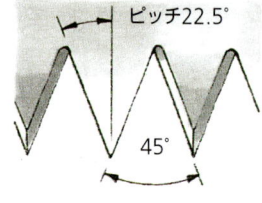

ピッチ22.5°

45°

のこ歯の硬化

現在市販されているのこのなかには、高周波により硬化処理をしたものがある。硬化処理したのこは、青黒い光を放っている歯が特徴で、加工していないものにくらべ、切れ味が長く保たれる。しかしこののこ歯は非常に硬いので、研磨は専門の職人に依頼すること。

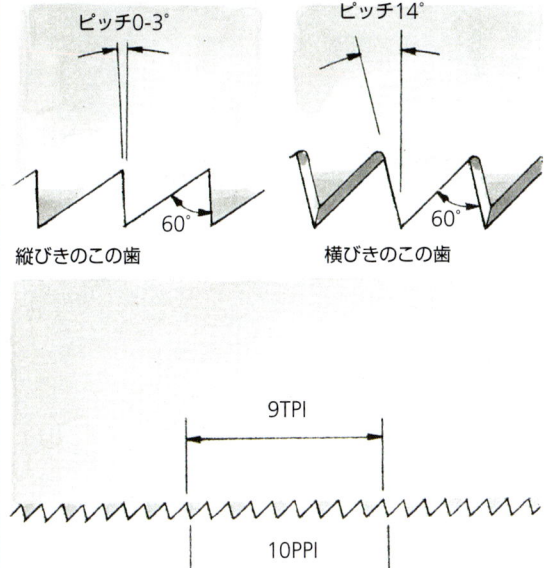

のこの柄

現在手のこの柄は、鋳型で作った安価なプラスチック製のものが主流であるが、いまでも細かい木目の硬い広葉樹材によって作られているものもある。柄の材質がのこの性能に影響することはないが、握り心地がよく、前方に押し出したとき最大に力が発揮されるように、柄がのこ身の後ろ低い位置に取りつけられているものを選ぶようにする。

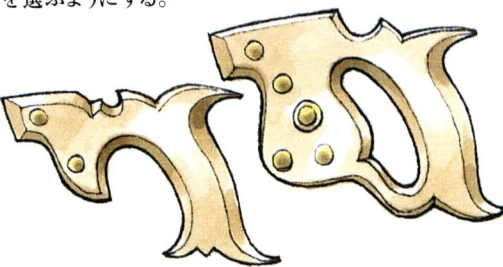

オープングリップとクローズドグリップ

小型のダブテールソーやキーホールソーには、オープンなピストル型の柄のついたものがある。しかしほとんどののこの柄は、より頑丈なクローズドグリップになっている。

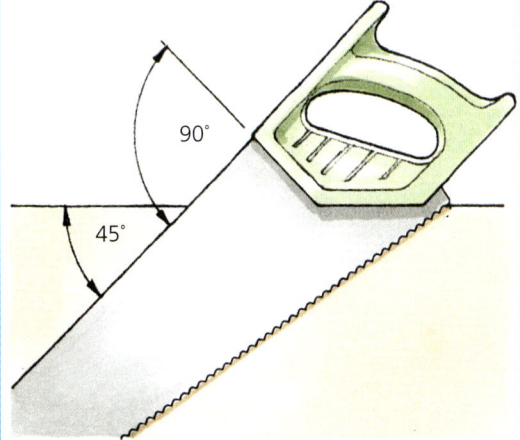

のこ歯の寸法

メートル法の普及にもかかわらず、現在でものこ歯の寸法は、歯の底から底を測って、1インチに何本の歯がついているか——TPI——あるいは、歯先から歯先までを測って、1インチに何本の歯がついているか——PPI——によって表示される。当然PPIのほうがTPIよりも1だけ数が大きい。

のこを直角定規として使う

プラスチック製の柄のなかには、肩の線がのこ身の直線状の背に対して90度と45度の角度で取りつけられているものがあり、大きな直角定規または留め定規として使うことができる。

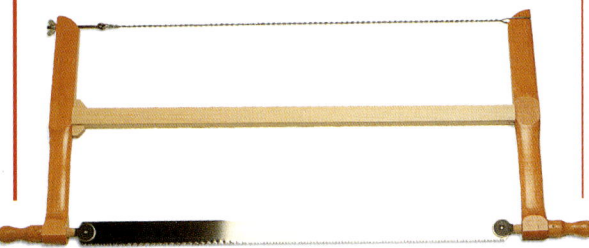

枠のこ

曲線挽きのこに似ているが（25ページを参照）、伝統的な形の枠のこは、のこ身を替えることによって無垢材の縦挽きにも、横挽きにも使うことができる。細いのこ身は、広葉樹材でできた2本の支柱つまり"チーク"の間に張られた、鋼線のより縄によって緊張されて保持されている。板を縦挽きするときは、フレームが邪魔にならないように枠のこを横向きにして使うことができる。

手のこの手入れ

のこを手入れしないまま工具箱に放置しておいたり、別ののこののこ身と擦り合わせたりすると、のこ歯はすぐに切れ味が悪くなる。工具箱に収納するまえに、必ず歯先をカバーするプラスチック製のさやに納めるか、ポケットがいくつもあるキャンバス布でできた工具袋に、それぞれ別個に入れるかする。

工具箱に収納するまえに、のこ身についた樹脂はホワイトスピリッツで拭い取り、のこ身全体を油分を染み込ませた布で拭いておく。

手のこを使う

のこが鋭く、歯が正しく目立てされているなら、長い時間手のこを使っていても疲れることはない。

柄の正しい握り方
人さし指の先が、のこ身の先端を指し示すように握る。この握り方が切断の方向を最も良くコントロールすることができ、柄が手のひらのなかでよじれることを防ぐことができる。

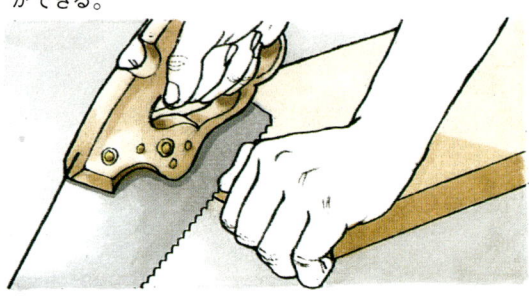

挽きはじめ
印をつけた線の外側、端材側に歯先をあてる。親指をのこ身の平らな部分に押しつけてガイドにし、短く手前に引いて切り口を作る。

続けて切る
のこ身の端から端まで全体を使うように、ゆっくりと一定したストロークで挽く。早く動かしたり速度を変えたりすると、疲れやすく、のこが途中で動かなくなったり、線からそれるなどの悪い結果をまねく。

挽き道が意図した線からずれてきたときは、のこ身を少しひねるようにして、線に戻す。いつも曲がるときは、歯が正しく目立てされているかをチェックする必要がある。

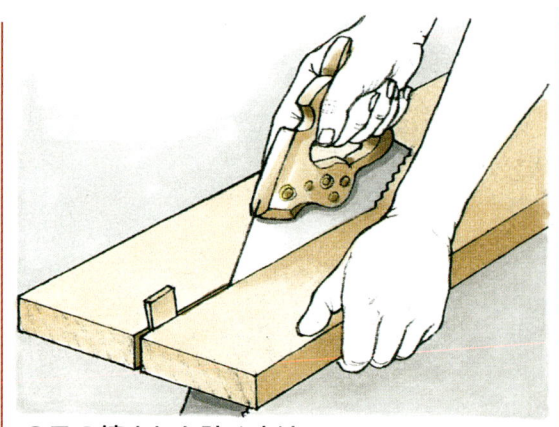

のこの締まりを防ぐ方法
挽き道が狭くなりのこ身を圧迫し始めたときは、挽き道にくさびを入れるとよい。またのこ身の両面にローソクを塗り、のこの滑りをよくする方法もある。

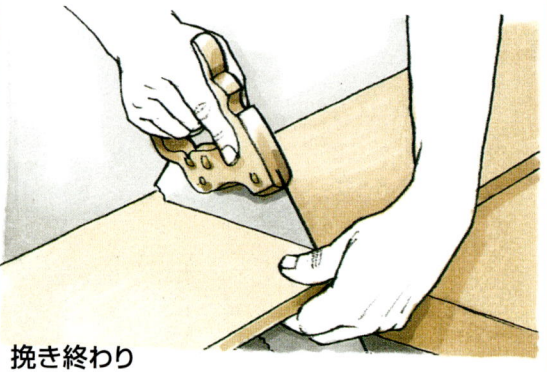

挽き終わり
挽き終わりに近づいたときは、木繊維の最後の数本を切断することになるので、のこの柄の位置を低くし、ゆっくりと慎重に動かすようにする。長い端材は、切り終えるまでその重さをもう空いている方の手で、あるいは助手に頼み、支えるようにする。

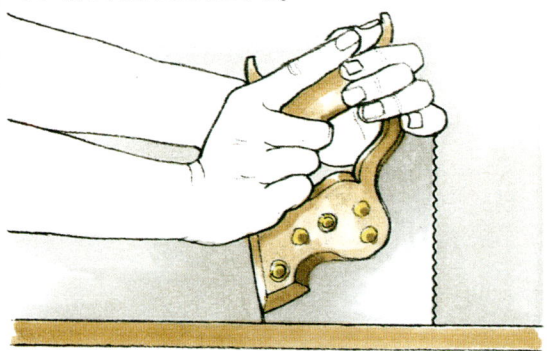

逆方向に動かすときの握り
大きなパネルや長い厚板の挽き終わりは、材の反対側から、いまできている挽き道に向かって、逆方向にのこを引く。または、両手で図のように柄を握りなおし、いままでの挽き道と同じ方向に、今度は歯が向こう側を向くようにひいていく。

材の固定

材がしっかりと固定されていないかぎり、正確な切断は不可能。材を作業台の上に固定して切断してもいいが、60cm位の高さの2脚の"馬"を使うと楽に作業できる。図のように、のこを使わない手で材を固定し、片方の膝で木挽き台が回転しないように押さえる。

横挽き

厚板を横挽きするときは、板を2脚のうまに渡すように置く。材が薄く、しなりやすいときは、下に厚い木材を敷いて支えるようにする。短い厚板を横挽きするときは、クランプでうまに固定する。

縦挽き

厚板を縦挽きするときは、同様に2脚の木挽き台に渡すように厚板を置き、のこ身の進路の邪魔にならないように随時木挽き台を移動させる。幅の広い木質ボードを切断するときは、しならないように2枚の厚板を挽き道の両側に敷いておく。

枠のこで横挽きする

枠のこで厚板を切断するときは、枠をどちらかに傾け、切断面がはっきりと見えるようし、腕を枠の後ろ側から通して端材を支えるようにする。

枠のこで縦挽きする

両手で枠のこを操作することができるように、材をどっしりとした作業台にクランプで固定する。のこ身を枠に対して90度傾けて固定する。手前側の支柱を両手で握り、細いのこ身がねじれて、挽き道が線からはずれないように確かめながら挽く。

23

胴つきのこ

　胴付きのこは、木材を長さに合わせて切断したり、木工の組手を切削したりするための、かなり細目の横びき歯を持ったのこ。胴付きのこの特徴は、のこ身の背に取りつけられた鋼鉄または真鍮製の重い帯にある。この金属製の帯は、単にのこ身をまっすぐに保つ役割だけでなく、その重さによって、無理にのこを材に押しつけなくても適当な圧力でのこの歯を材にあてる役割を果たしている。

テノンソー
テノンソーは、13～15のPPIで長さが25～35cmの刃を持った、胴付きのこの中で最も幅広い用途を持ったのこである。かなり大きな角材の接合部を切断することも、ほぞやそれよりも大きめの組手を加工するなどの精密な切断も、このテノンソーで可能。

ダブテールソー
ダブテールソーは、テノンソーの小型版で、その歯（16～22PPI）は非常に細かいので、通常の方法で目立てすることはできない。蟻接ぎなどの接手に必要な極細の挽き道を実現するためには、ヤスリでによる研磨でできるバリをあさりとして利用する。伝統的なクローズドハンドルあるいはピストル型の柄のダブテールソーは、普通20cmののこ身がついている。また別のかたちのものとして、のこ身の上の金属の帯と同一線上に長い柄をもつ、のこ身の長いものもある。

ダブテールソー
（柄が横に出ているもの）
ダブテールソーの柄を片側に曲げたもので、接合用のだぼを挽いたほぞを材の表面と同じ高さとなるように挽いたりするためのもの。

ビードソー
26前後のPPIの歯を持つ最小の胴付きのこで、非常に細かい組手の加工や工作に適している。

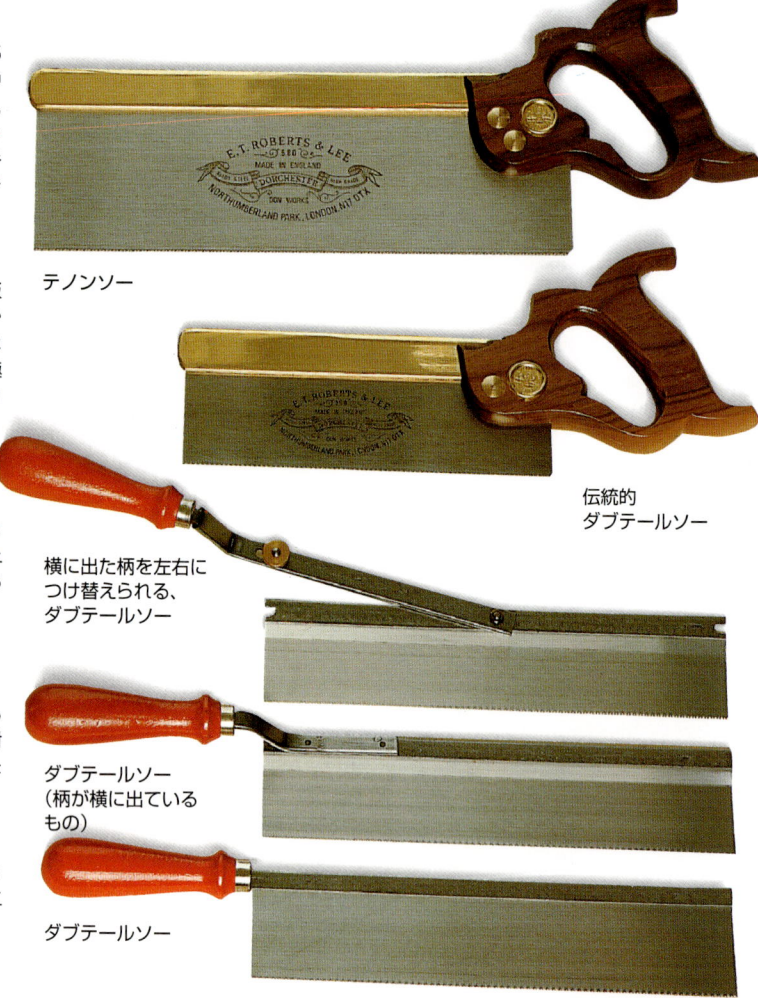

テノンソー

伝統的ダブテールソー

横に出た柄を左右につけ替えられる、ダブテールソー

ダブテールソー（柄が横に出ているもの）

ダブテールソー

ビードソー

木目にそって切る
　のこを胴付きまで下ろしてほぞや蟻を切るときは、素材を万力で固定する。

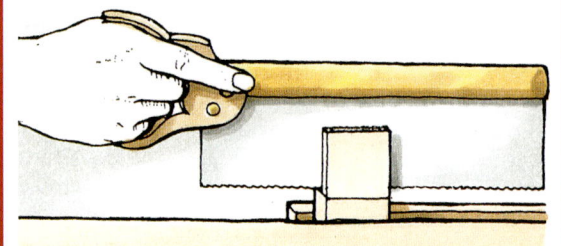

横挽き
　作業台のあて止め（84ページを参照）に材を押しつけて保持し、鉛筆の線の端材側を短く手前に引くようにして挽き道をつくる。つぎに挽き道を伸ばしながら徐々にのこ身を下げていく。

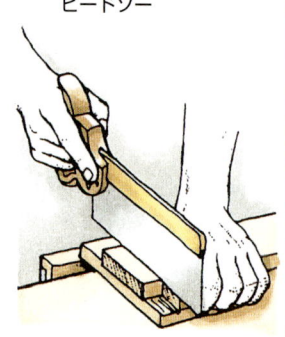

曲線挽きのこ

狭いのこ身ののこのグループは、特に無垢材や板材を曲線に切断したり、穴をあけたりするためのものとして作られている。さまざまな大きさ、種類のものが用意されており、材の種類、大きさによって使い分ける。

弓のこ
弓のこは中型の枠のこで、かなり厚い木材を切断するのに適している。20～30cmののこ身が、2本の支柱の先端のあいだに張られた鋼線のより縄によって保持されている。9～17PPIの歯を持ったのこ身は、360度回転させることができるので、フレームをどの角度でも保持することができる。

糸のこ
非常に狭い15センチののこ身が、本体のメタルフレームにそのばねにより緊張され保持されている。15～17PPIの歯は研磨するにはあまりにも小さすぎるので、摩耗したり、欠けたりしたときは、新品と交換する。糸ののこ身は、無垢材の中であれ、木質ボードの中であれ、回転してフレームを挽き道の左右に揺らすことができるので、曲線びきが可能になる。

引き回しのこ
糸のこと同じ構造をしているが、のこ身を緊張して保持しているフレームがより深くなっている。32PPIの歯を持っており、木材や板を使った細かな工作や、寄せ木細工のための切り抜き作るときに使う。引き回しのこは、のこ身がねじれないように引くときに切削するようになっている。

回し挽きのこ
ほとんどの曲線挽きのこは、その特徴的なフレームのため、カットできる場所が材の縁近くに限定されているが、この回し挽きのこは、緊張を与えて保持する必要のないテーパーのついた剛性のあるのこ身がついているので、必要なときは、縁からどんなに離れていても、またどんなに厚い材であっても穴を切ることができる。8～10PPIの歯を持つのこ身は、ピストル型の柄にボルト止めすることも、のこの方向を変えるのに適したまっすぐな柄に固定することもできる。

ピストルグリップ型柄

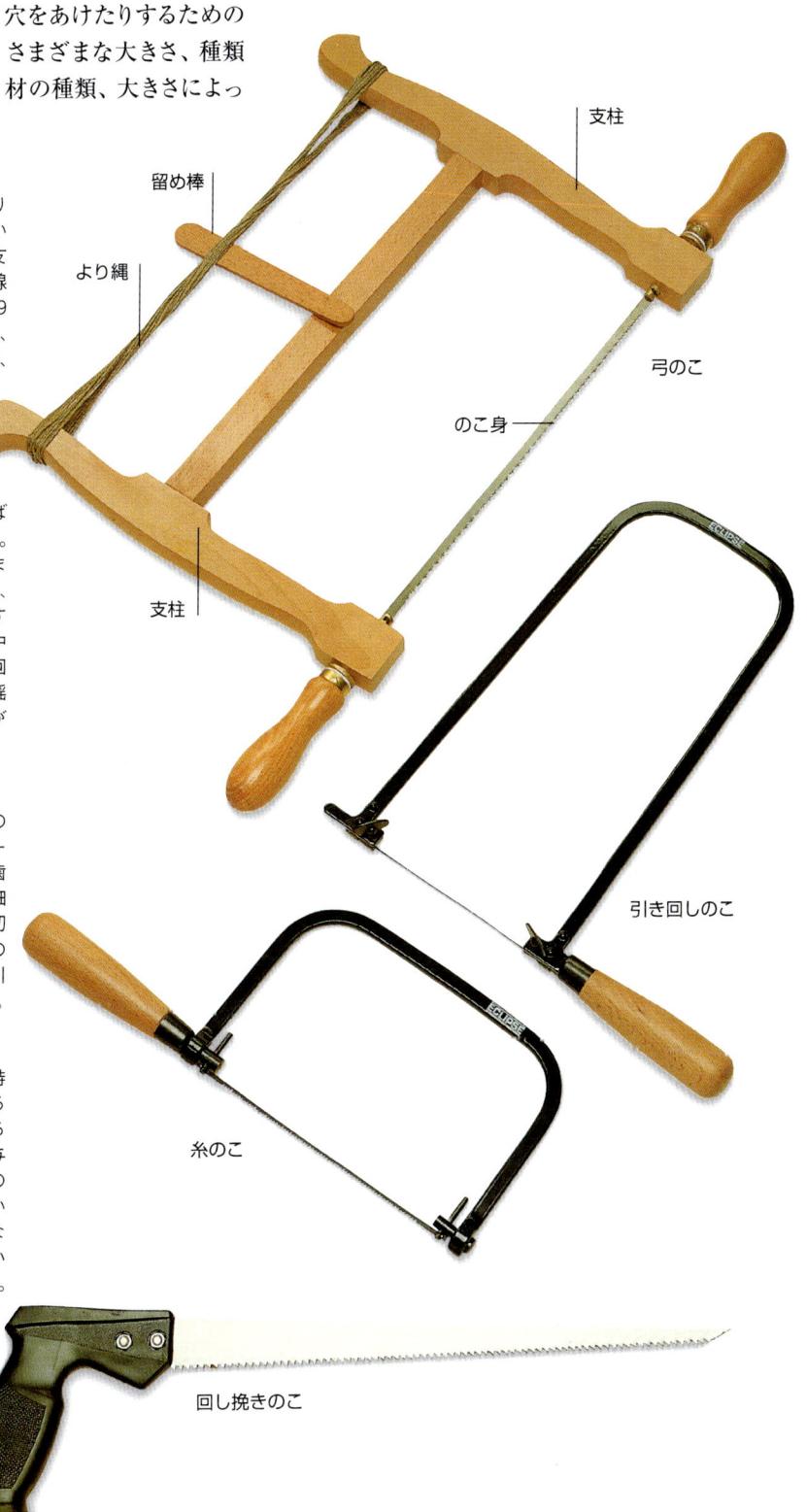

支柱
留め棒
より縄
弓のこ
のこ身
支柱
引き回しのこ
糸のこ
回し挽きのこ

25

曲線挽きのこの使い方

ほとんどの曲線挽きのこは、フレームの重さのせいでのこ身が線からそれる傾向があり、それをうまく操るには、特殊なテクニックが必要。

弓のこによる切削
弓のこは、切削の方向をコントロールし、フレームが揺れ動くのを防ぐため、2本の手で保持する必要がある。まず片手で真直ぐな柄を握り、その手の人さし指をのこ身と一直線となるように伸ばす。つぎに、のこ身の片側の支柱を人さし指と中指で包み込むように、もう一方の手をそえる。

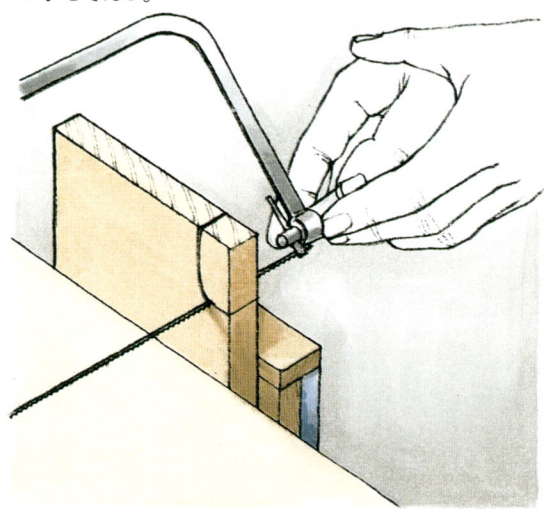

糸のこのコントロール
のこ身が線からそれるのを防ぐため、伸ばした人さし指の第1関節を糸のこのフレームにそえる。より楽に感じるならば、もう一方の手をそえ、両手で握るようにする。

引き回しのこの使い方
薄い板は切削中に振動する場合があるので、作業台の端にねじで固定した合板の帯で下から支えるようにして切削する。合板にはV型の切り込みを入れ、引き回しのこののこ身が合板にあたらないようにしておく。のこ身を下向きに引くかたちで切削するため、低い椅子に腰掛け、作業台の高さに胸の位置がくるようにする。

窓の切削
糸のこで窓をあけるときは、材に切削する線を書き入れ、その線の内側、端材側にのこ身を通すための小さな穴をあける。その穴にのこ身を通し、フレームに連結する。

回し挽きのこによる穴あけ
回挽きのこで穴をあけるときは、まずのこ身の先端をさし込むための出発点となる穴をドリルで開ける。刃が踊らないようにゆっくりと前に押し出すようにして挽き材する。

のこ身の交換

曲線挽きののこののこ身は、歯が摩耗したり、折れたり、曲がったりしたときに、すばやく簡単に交換できるように設計されている。

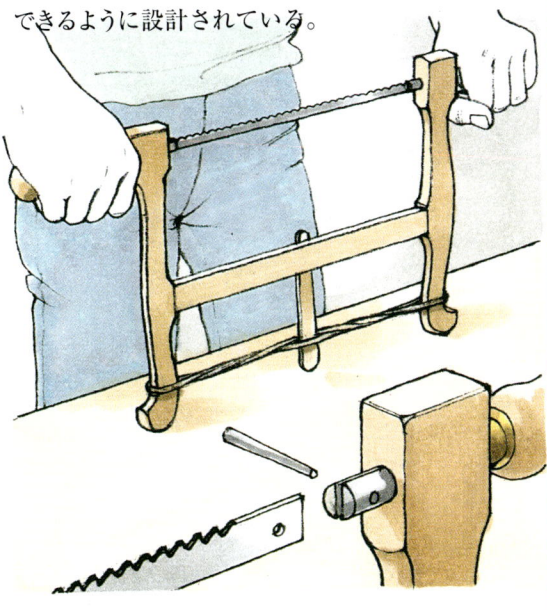

弓のこののこ身の交換

留め棒をはずし、より縄をゆるめる。のこ身の両端を、柄から伸びている溝を切ってある金属の軸にさし入れる。テーパーのついた固定ピンを軸とのこ身を通すように両側ともにさし込む。より縄を締め直し、のこ身がまっすぐになるように両方の柄を回転させて調節する。

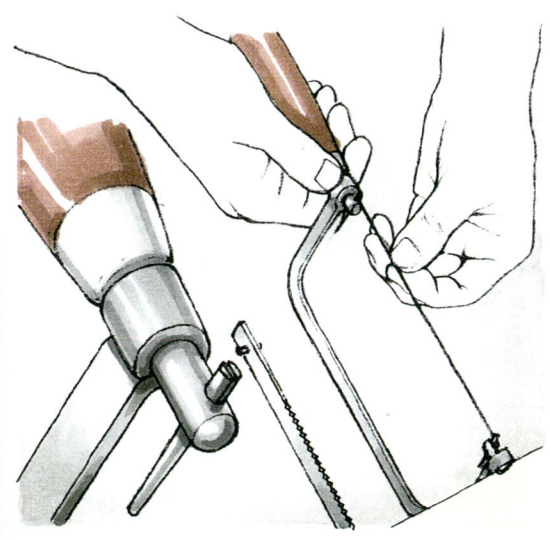

糸のこの傷んだのこ身の交換

糸のこののこ身は、軸にさし込まれている固定ピンで両端を固定するようになっている。傷んだのこ身を交換するときは、まず柄をゆるめる方向に回し、2本の固定ピンのあいだの距離を縮める。そのとき、柄の方のピンを親指と人さし指でつまみ回転しないようにしておく。

のこ身をまずのこの先のほうのピンに、歯を上向きにしてさし込む。フレームの先を作業台に押しあてるようにして内側に屈曲させながら、のこ身を手前側のピンにさし込む。はずすときと同じように、ピンが回転しないように指でつまみながら、のこ身を張るために柄を締める方向に回転させる。目測で2本のピンが平行に並ぶように調節する。

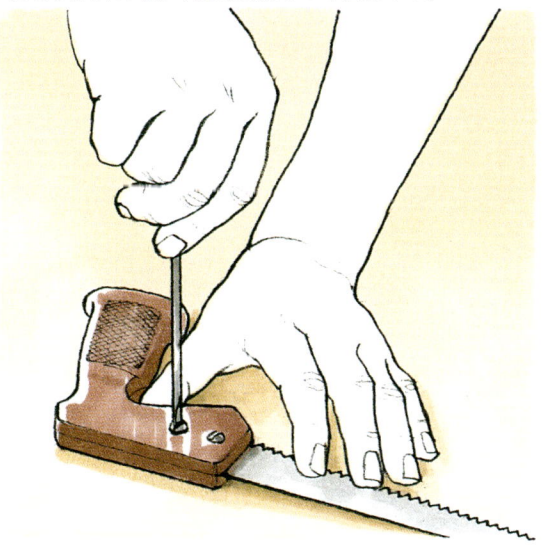

回し挽きのこののこ身の交換

ボルトをゆるめ、古いのこ身をはずす。新しいのこ身を柄にさし込んで、2本のボルトを締め直す。

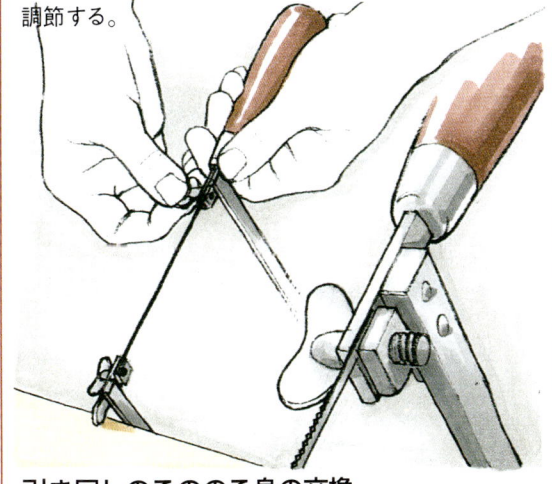

引き回しのこののこ身の交換

引き回しのこののこ身も糸のことほぼ同じ方法で固定されているが、固定ピンの代わりにのこ身の両側の平たい部分を蝶ねじで締めつけるようになっている。歯を上向きにしてのこ身の前方の先端を蝶ねじで締めつけ、つぎにフレームを作業台に押しあてるようにして屈曲させ、手前側の刃の先端を蝶ねじで締めつける。フレームにかけた圧力をゆるめると、自動的にのこ身が張る。

27

金槌と木槌

たいていの作業場には数種類の金槌が誇らしげに並んでいるが、くさびや釘で補強する場合を除いては接ぎ手作りで使うことはほとんどない。

クロスピーン・ハンマー

クロスピーン・ハンマー（直角型）

ピンハンマー

ピンハンマー（直角型）

くぎ抜き付き金槌

クロスピーン・ハンマー
中位の重さのクロスピーン・ハンマーが一つあればたいていの場合はこれで十分である。接ぎ手を叩いて組み合わせたり分解するのに十分な重さがあり、さらにきちんと均整がとれているので、金槌のヘッドの裏側にあるくさび形のピーンで釘やパネルピンをはずすというような精密な作業ができる。

ピンハンマー
小型の額縁用留め仕口に釘を打つような精密作業を行うために、軽量のクロスピーン・ピンハンマーを使用する。

くぎ抜き付き金槌
針葉樹材でジグや実物模型を作るときに、くぎ抜き付き金槌は便利だと実感するだろう。簡単に大きな釘を打ち込めるだけでなく、強い柄をてことして使えば先の割れたピーンでその釘を抜き取ることもできる。少し高価になるが、すべて金属製のくぎ抜き付き金槌であれば柄が木製の金槌よりもさらに強力である。

釘締め
釘締めは木材表面の下に釘の頭を打ち込むために、金槌と一緒に使う先細り形の金属製パンチである。

木槌
金属製のハンマーでプラスチック製の取っ手のついたのみや丸のみを打ちつけることはできるが、取っ手を割らないためには、頭部が木製の木槌を使う必要があるだろう。この工具は次のような作業用に特別に作られている。幅の広いヘッドは毎回のみを垂直に打ちつけるように先細りになっていて、叩くたびに木槌自体が先細り形の柄にさらにしっかりとはまりこむ。

のみと丸のみ

できの良いのみや丸のみを少なくともいくつか揃えておかなければ、どのような木工作業も不可能である。接ぎ手作りにおいては、不要木材を取り除いたり、部材を削ってぴったりと接合するために特に便利な工具である。

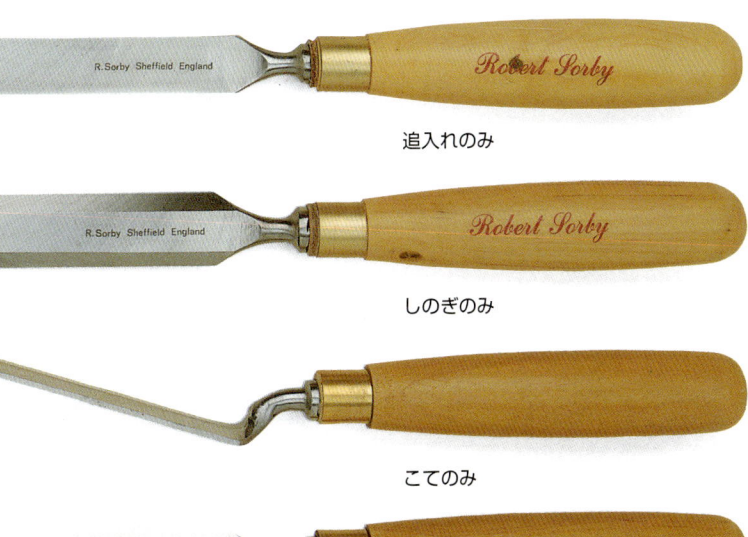

追入れのみ

しのぎのみ

こてのみ

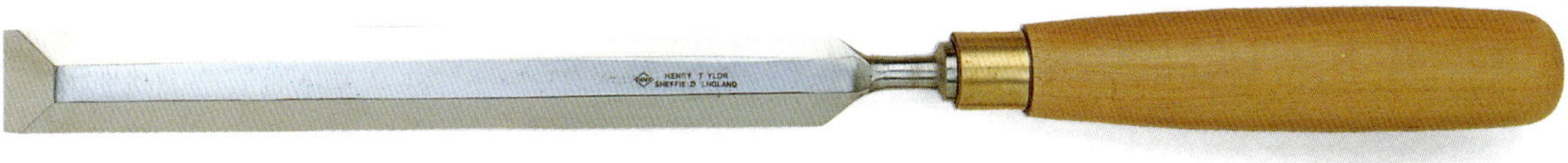

薄のみ

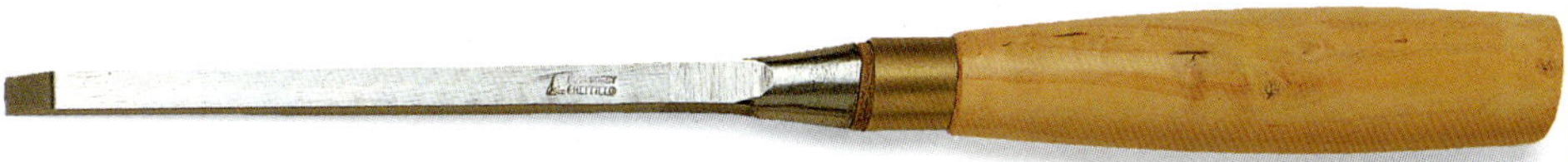

向待のみ

追入れのみ

この基本の木工用のみには強い長方形の刃がついており、刃が欠ける心配をせずに木槌を使ってマツや広葉樹材に大胆に打ち込むことができる。追入れのみの幅は3〜38mmである。

しのぎのみ

細い刃のしのぎのみは、手の力だけでより精巧な作業ができるように設計されている。本来は継ぎ手を形成したり装飾するときに使用されており、刃の両側にはす縁が設けられているため、蟻形をくり抜く作業に適している。しのぎのみは追入れのみと同じ幅に作られている。

薄のみ

薄のみは追入れを平らにするために特別長い刃のついたしのぎのみである。クランク状の薄のみはかなり幅の広い接ぎ手の不要部分を削り取ることができる。

向待のみ

これは深いほぞ穴を切断する特殊なのみである。刃が先細りになっているので、加工材の中で詰まってしまうことがなく、接ぎ手から不要部分を欠き取るときはてこの役割を十分に果たす厚さがある。刃の側面が深いため、ほぞ穴に対してのみを直角に保ちやすい。ほぞのみの幅は12mmまで作られている。

丸のみ

丸のみは横断面において刃が湾曲しているのみである。木材を切断する先端の傾斜が刃の内側に設けられている場合は内丸のみといい、外丸のみの刃先は外側に傾斜している。丸のみはくぼみから不要木材を欠き取ったり、曲線の胴付きを削り取る場合に使用する。丸のみの幅は6〜25mmである。

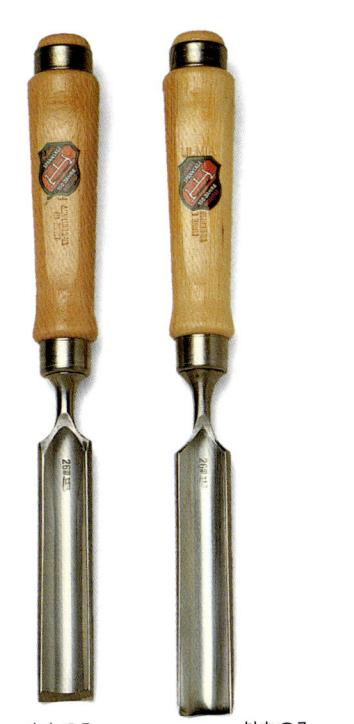

内丸のみ　　外丸のみ

かんな

平かんなは木材の表面を滑らかにして、直角かつ寸法に正確に削るために使う用途の広い工具である。木製かんなは今でも利用できるが、現在ではほとんどのかんなは金属製である。また、接ぎ手を形成したり整えるための専用のかんなもいくつか必要となる。

ジャックかんな

金属製仕上げかんな

木製仕上げかんな

しゃくりかんな

電動ルーターが普及したため、これはもはや必須工具ではないが、驚くほど速く手作業で段欠きを作ることができる。このかんなには調節可能なフェンスとストッパーがついている。先端付近に取りつけられた刃で、胴付き段欠きを切ることができる。木目を横切って溝を切るときに、かんなの側面に取りつけた尖端が刃の前方の木を削る。

ジャックかんな

350mmのジャックかんなであれば、たいていの端部を正確に削るのに十分な長さである。もっと長いものを長かんな（しこかんな）といい、きわはぎを作るのに最適であるが、高価なので、ジャックかんなで代用する者がほとんどである。

仕上げかんな

仕上げかんなは長さ225mmという最小の平かんなであり、製品の最終的な成形や仕上げをするのに理想的である。木製の仕上げかんなには、独特の人間工学に基づくグリップやユソウボクの底がついており、その感触を好む者も多い。

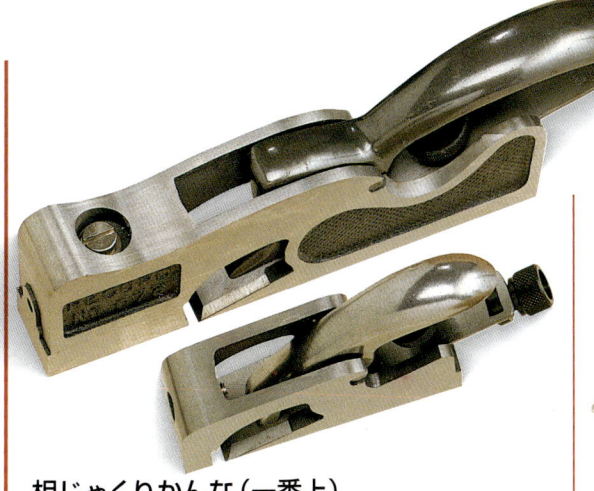

相じゃくりかんな（一番上）

　すべて金属製の相じゃくりかんなは、専用の接ぎ手切断用工具であり、より大きな接ぎ手に直角の胴付きを削るために特別に設計されている。その刃は木口を削り取ることができるように低い角度に設定されている。

小型際かんな（上）

　相じゃくりかんなの小型版である小型際かんなは小さな接ぎ手を削るときに便利である。

小がんな

　小がんなは片手で使用できるほど小さいが、すばやく成形したり削るときに多量のかんなくずを受けるだけの強さがある。用途の広い使い勝手の良いかんなであり、たいていの場合、木口を削るために使用する。

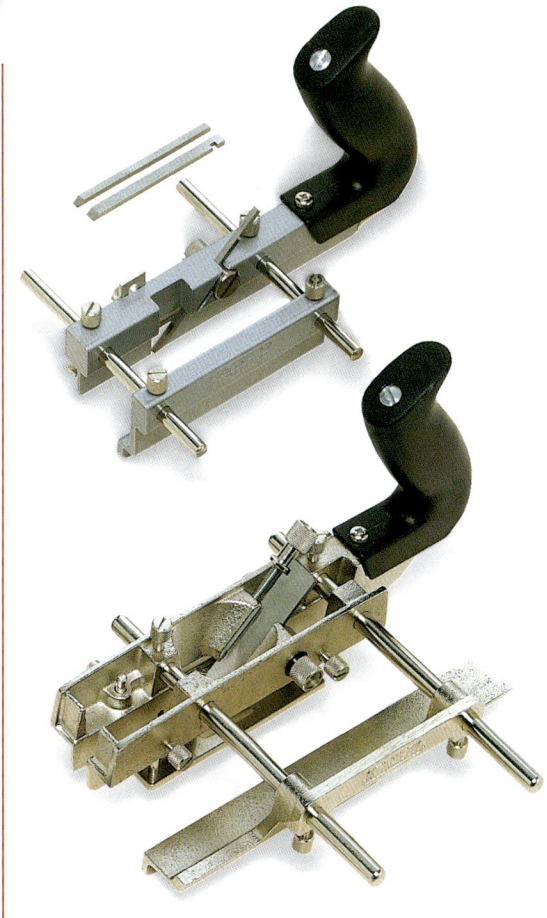

溝かんな（一番上）

　端部と平行な幅の狭い溝を削るときに使用する安価なかんなで、幅3〜12mmの範囲でカッターを交換することができる。溝かんなには強いサイドフェンスとストッパーがついている。

コンビネーションかんな（上）

　精巧なコンビネーションかんなは溝かんなよりも幅の広い溝を削ったり、他の部材の端部に沿って溝に合う核を形成するために使用することもできる。また、設定を変更して核の端部に沿って一段高い縁を削ることもできる。

ルータかんな（左）

　かつては追入れや丁番の凹所を平らにする工具として、手頃な大きさのルータかんなが好まれていたが、今ではその座をかなり電動ルーターに奪われてきている。しかし、比較的安くて操作が簡単であるため、今でも使用価値のある工具であり、非常に正確に作業することができる。直角や蟻形追入れを平らにするために、調節できる特殊なカッターが製造されている。

31

ベンチプレーンの分解と調節

すべての金属製プレーンは、同種の部品から構成されており、同じように分解することができる。くさびによって刃を固定する仕組みになっているものもあるが、現在のプレーンのほとんどは、ブレードをその上から裏金で固定し、深さ調節ねじで刃の出し量を調節するようになっている。

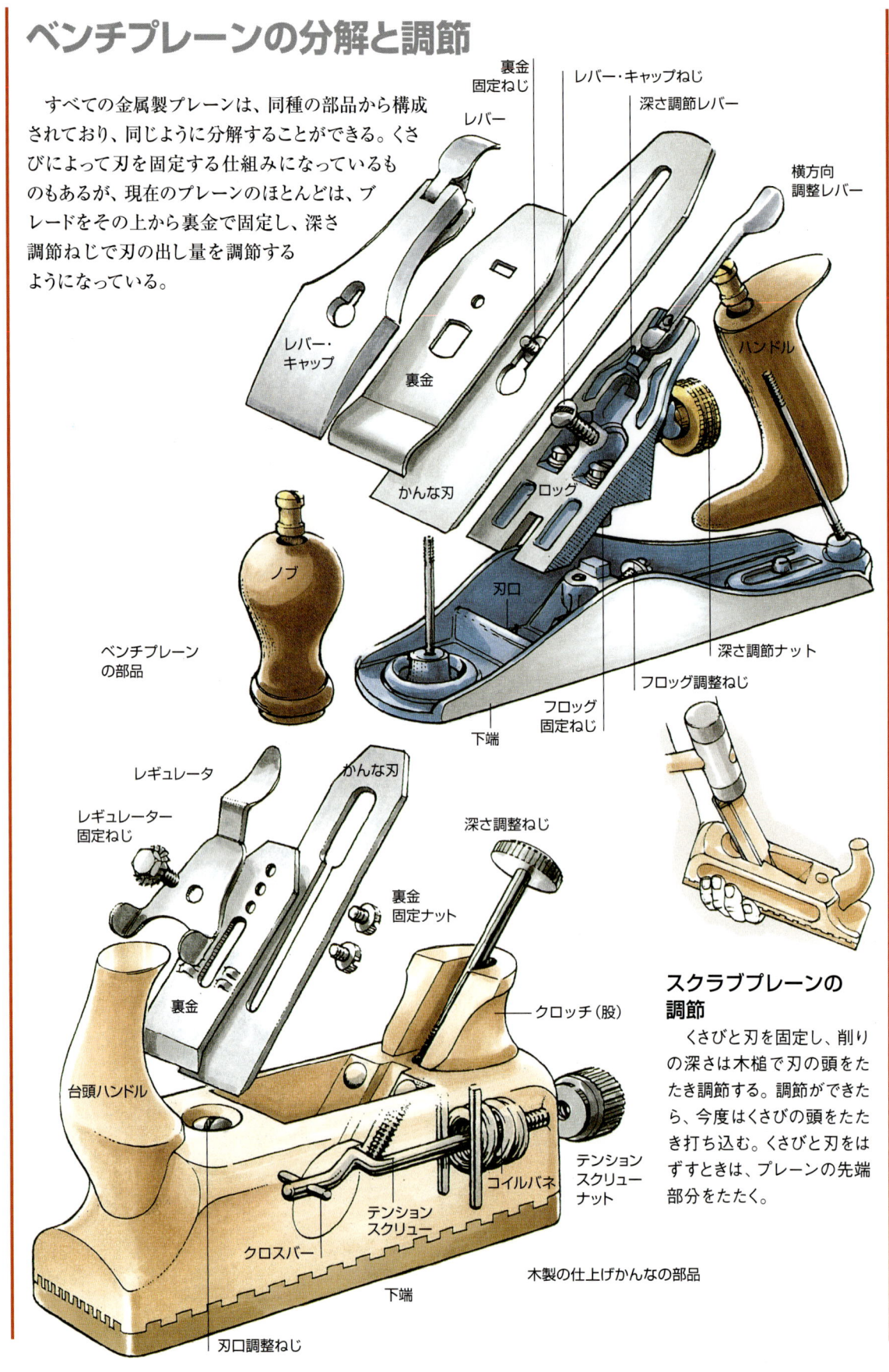

スクラブプレーンの調節

くさびと刃を固定し、削りの深さは木槌で刃の頭をたたき調節する。調節ができたら、今度はくさびの頭をたたき打ち込む。くさびと刃をはずすときは、プレーンの先端部分をたたく。

かんな刃と裏金の取りはずし

　金属製のベンチプレーンは、研磨のために刃をはずしたり、刃先を調節しなおしたりするときは、最初にレバーキャップのレバーを上げ、そのキャップを後ろに動かしてレバーキャップねじからはずす。刃と裏金を本体から持ち上げはずす。するとくさび形の鋳物があらわれるが、それはフロッグと呼ばれ、刃の出し量と左右の傾き調節に重要な役割を果たしている。

　裏金と刃を離すときは、大きなドライバーで裏金固定ねじをゆるめ、裏金を刃先のほうにずらしていけば、ねじが刃にあいてある穴をくぐりぬけ、はずれる。

フロッグの調節

　かんな刃は、刃口と呼ばれる下端の開口部から突き出している。フロッグを調節し、この開口部の大きさを調節することによって、削りだしたいと思っているかんな屑の厚さを変えることができる。たとえば、材の表面を大まかに平らにするときは、かんな屑の厚さを厚くするように刃口を広く開ける。刃口を狭めれば、薄いかんな屑ができ、それは裏金によって巻かれ、材から離れる。

　フロッグを前後に動かしたいときは、2本の固定ねじをゆるめ、フロッグ調節ねじをドライバーで回転させて調節する。

木製かんなの刃のはずし方

　深さ調節ねじを1cmほど後退させ、台尻にあるテンションスクリューナットをゆるめる。テンションスクリュークロスバーを90度回転させ、裏金、レギュレーターと一体になっている刃構成部をはずす。刃先を研磨するときは、刃の後ろ側にある2本のねじを回して、分解する。

木製かんなの組み立てと刃の調節

　研磨した刃先に、裏金をはめ、刃構成部を一体化し、かんなのなかにさし込む。クロスバーを刃構成部の細い溝に通して回転させ、溝の両側にある突起部にはめ込み固定する。つぎにテンションスクリューナットを少し回して締める。

　刃口から刃先が出るように深さ調節ねじで調節し、レギュレーターを使って刃先が下端に平行になるように調節する。深さ調節ねじで必要な深さに刃の出し量を調節し、最後にテンションスクリューナットを締める。

　木製かんなの口を開閉するときは、トーホーンの後ろのねじで調節する。

ベンチプレーンの刃と裏金の組み立て

　刃を研磨したら裏金と合体させ、かんなのなかにさし込み、必要な調節をおこなう。

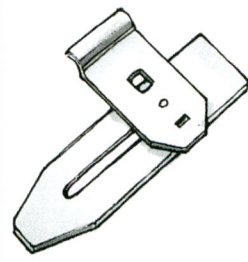

1　裏金を刃の上に置く

　刃先を上にして持ち、その上に交差させるように裏金を置く。刃の溝に裏側から固定ねじを通し、キャップの穴にさし込み少しねじる。

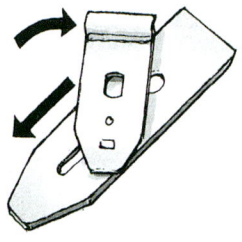

2　裏金と刃の向きを揃える

　刃の溝にそってねじを下向きに動かしながら、裏金を刃と同じむきになるように回転させる。そのとき裏金で刃先をこすらないように気をつける。

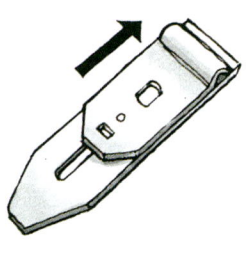

3　裏金を刃先へ移動させる

　裏金を、その先端が刃先から1mm以内になるように移動させ、固定ねじを締める。

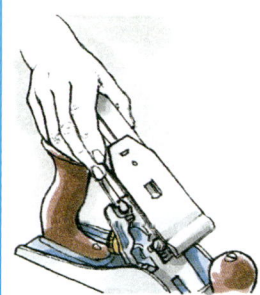

4　刃構成部の穴に

　フロッグの突き出したレバーキャップスクリューを通しながら、刃構成部を深さ調節レバーの突出部の上に固定し、その上からレバーキャップをかぶせる。

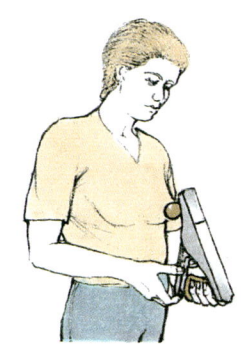

5　刃の出し量の調節

　刃口から刃先が出るまで、深さ調節ナットを回す。本体の先端側から下端をみて、横方向調整レバーで刃先が下端と平行に出るように調節する。もう一度刃の出し量を調節する。

33

ベンチプレーンの手入れ

　ときどき少し面倒に感じるかもしれないが、台かんなは必要な注意を怠らなければ、刃先の研磨以外は、それほど面倒な手入れは必要ない。台かんなについた塵やほこりを取り払い、注油をし、ときどきオイルをしみ込ませた布で金属の表面を拭くようにする。台かんなは刃先を引っ込めて、横向きにして保管する。

かんな屑が裏金の下に詰まるとき
　裏金と刃が正しく組み合わされていない場合、かんな屑は裏金先端の丸く湾曲した前縁と刃先のあいだにはさまってしまう。刃の裏が完全に平らになっているかどうかを確かめ、また裏金がぴったりとおさまるのを妨げる樹脂が付着して固まっていないかどうかを確かめる。刃が曲がっているときは、平らな板の上にのせ、ハンマーで強くたたいて矯正する。
　油砥石で裏金の前縁をまっすぐに、元の角度を変えないように研磨する。

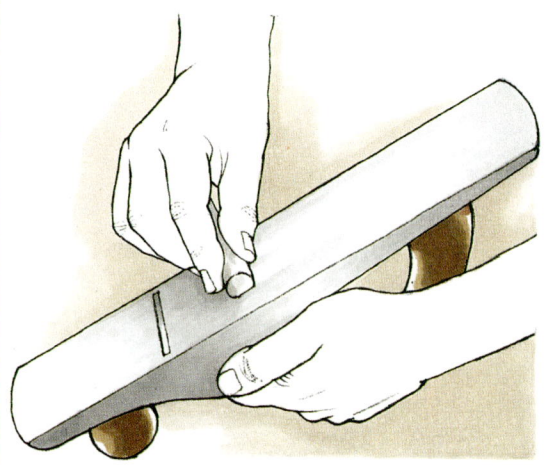

下端の滑りを良くする
　木製かんなは日常的に使っている間によく滑るようになり、滑りを良くするために特別なことをする必要はほとんどない。しかし金属製かんなを使っていて、どうもうまく材の上を滑っていないと感じるときは、下端を白いローソクで軽くこするといい。

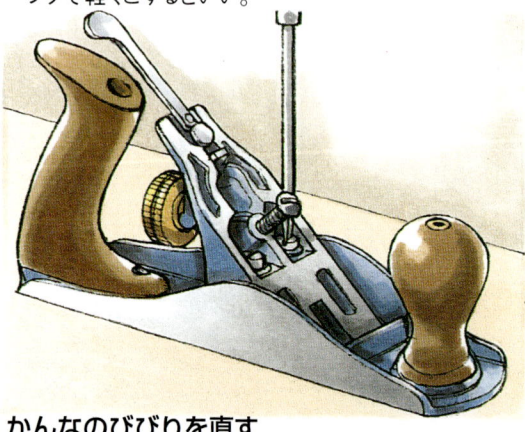

歪んだ下端の平滑化
　かんな屑を薄く削りだすことができなくなったときは、下端が歪んでいる場合がある。金属の直定規を下端の上に置いて確認する。金属製かんなの下端が歪んでいた場合は、エメリーの研磨布紙を厚いガラスの上に両面テープで止め、その上に下端を置いてこすり矯正する。しかしそのような時間と手間をかけるよりも、専門職人に下端を再研磨してもらった方がいいかもしれない。
　それに比べ、木製かんなの下端を研磨紙で矯正するのは、かなり簡単だ。刃をはずし、かんなの中心部を握り、研磨紙の上を前後させ、ときどき直定規でチェックしながら研磨する。

かんなのびびりを直す
　かんな屑が滑らかに削れずかんなが振動する、"びびる"ときは、刃がしっかりと固定されているかどうかを検査する。金属製の場合はレバーキャップスクリューを締め、木製の場合はテンションスクリューナットを締める。
　それでも振動が直らないときは、刃の後ろに異物がはさまっていないかを確かめる。また金属製の台かんなの場合は、フロッグ固定ねじを固く締める。

34

ベンチプレーン使い方

かんなをかける材を用意したら、よく観察して木目の方向を確かめる。つねに木目にそって、すなわち順目でかんなをかけることが大切。というのは、逆目でかけると木の繊維を裂いてしまうからだ。木目の不規則な材にかんなをかける場合は、刃の出し量を少なくして薄いかんな屑を出すように調節する。木口のかんながけについては、55ページを参照のこと。

ベンチプレーンの持ち方

金属製の台かんなは、まず利き手で人さし指を先端方向にまっすぐ伸ばしてハンドルを握る——こうすることによってかんなの方向をしっかりと定めることができる。もう一方の手で先端部の丸いノブを握り、かんなを材に押し付ける。

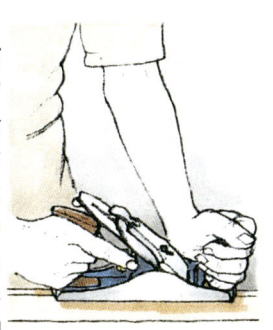

木製仕上げかんなの握り方

かんなのかかとのすぐ上の柔らかな曲線をしたクロッチに指の股をそわせるようにして、親指と他の指で本体の後部をつかむ。もう一方の手で、指になじむかたちに面取りされたホーンを握り、かんなに下向きの圧力を加える。

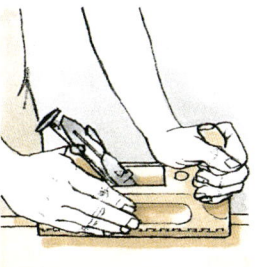

かんながけの姿勢

両足を開いて作業台の横に立ち、後足を作業台に向け、前足を作業台に平行に置く。足をしっかりと固定させ、上体を動かしてかんなを前方に進める。削りはじめは、かんなの台頭側に体重をかけ、材の先端に近づいたら、かんなが力余って下向きに落ちないように台尻側に体重を移動させる。

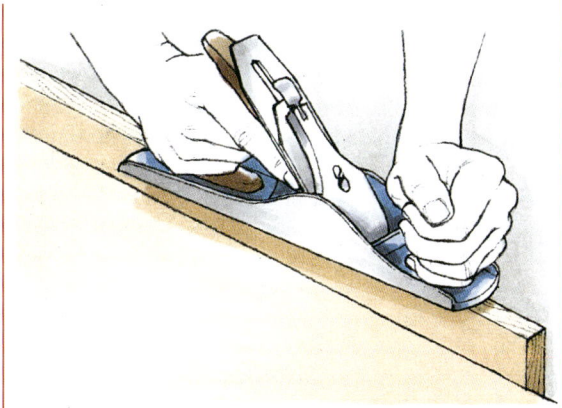

斜め削り

不規則な木目の表面を平滑にする場合、動かす方向に対して少し角度をつけ斜めにかんなを持つようにすると、動かしやすくなることが多い。

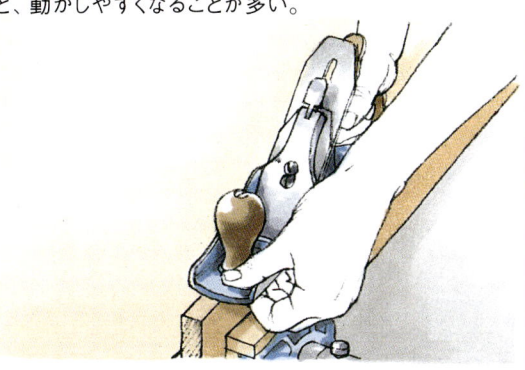

木端面のかんながけ

角が正確に出るように、親指で台頭を押さえるようにする。そのとき他の指は軽く内側に握り、材の側面にそわせて定規のように使う。材の角にそって面取りをおこなうときも、同様の握りでおこなう。

板材を平らに削る

板材を平滑らにするときは、2方向に少し斜めにかんなを動かす。直定規で表面をチェックし（15ページを参照）、つぎに刃先の出し量を、木端面に平行に往復させて仕上げをおこなう。

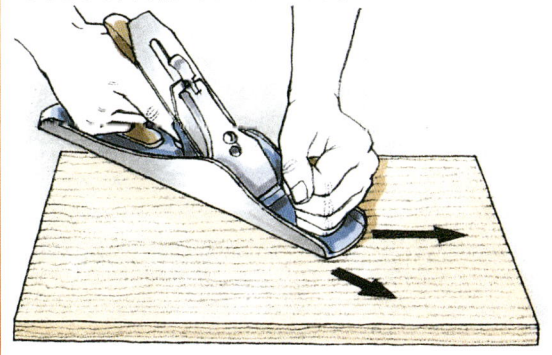

刃を研ぐ道具

木工用刃物は砥石で刃先を研いで切れ刃を常にシャープにしておく。より品質の優れた天然の石は高価だが、安い人工砥石でもきわめて満足のいく成果が得られる。刃を研ぐ過程で砥石に水や油を塗ることによって、スチールの過熱を妨げ、金属や石の細片がやすりのような表面に付着するのを防ぐ。一般的に砥石は、毎日使う刃物を研ぐものは長方形のブロックで、丸のみや彫刻刀を研ぐものは小さなナイフの刃の形や断面が涙形になった石として販売されている。熟練した木工作業者の中には刃を研ぐ道具として、ダイヤモンドを埋め込んだ石や、研磨剤の粉をふりかけた平らな金属板を選ぶ者もいる。

名倉砥

日本の水砥石

ダイヤモンド砥石

組み合わせ油砥石

ブラック・ハード・アーカンサス砥石

ハード・アーカンサス砥石

彫刻刀用砥石

ソフト・アーカンサス砥石

長方形の砥石

木工作業者の多くはのみやかんなの刃を磨いたり研いだりするのに、縦横が約200mm×50mm、厚さ約25mmの長方形の砥石を使う。木工作業者の中には刃を研ぐそれぞれの工程で異なる砥石を用意したいと考える者もいるが、研磨剤のグレードが異なる砥石が裏表に張ってあるものが経済的である。天然砥石と人工砥石とを同じように組み合わせたものを買うこともできる。作業台の上に並べて置けるように、砥石は木の箱に入っていることが多い。あるいは、砥石が作業台の上で滑らないようにするための、調節のきく特殊なホルダーに固定することもできる。

スリップストーンと砥石やすり

成形された小さな砥石は、丸ノミや彫刻刀や旋盤を研ぐためのものである。断面が涙形になった油砥石や先細の錐形のものがもっとも使いやすいが、小型の彫刻刀やドリルビットやルーターの刃を研ぐために、ナイフの刃の形をしたものや断面が正方形や三角形になった砥石もある。

油砥石

　天然や人工の砥石の大部分は軽油を塗ってある。一般的にもっとも優れた油砥石を作ることができるとされているノバキュライトは、アメリカのアーカンソー州にしかない。この堅いシリカ・クリスタルは、さまざまな等級のものが自然にできている。粒度の粗いグレーのまだら模様のソフト・アーカンサス砥石は金属をすばやくきれいにし、工具の刃の形を予備的に整えるのに使う。白いハード・アーカンサス砥石で刃に角度をつけ、そのあとブラック・アーカンサス砥石で磨いてつやを出す。さらに粒度の細かいものとして、珍しい半透明の砥石がある。

　人工の油砥石は焼結した酸化アルミニウムや炭化珪素でできている。粒度の粗いもの、中ぐらいのもの、細かいものに分かれており、人工の砥石はそれぞれに相当する天然の砥石よりもはるかに安価である。

水砥石

　比較的柔らかくもろいため、水を塗って使う砥石は同じ等級の油砥石に比べて傷がつきやすい。水砥石の表面に金属の刃がこすりつけられると、常に新たな研磨剤の粒子が露出したりはがれたりするからである。しかしこのように粒子の結合力が弱いことは、とくに細いノミを研ぐときのような表面を傷つける偶発的な損傷に水砥石が弱いということにもつながる。水砥石は高くつくので、メーカーの多くはだいたいにおいて使いやすい人工砥石の種類しか薦めないのは当然である。

　水砥石には、もっとも粒度の粗い800番から、中ぐらいの1000番から1200番、そして仕上げ研ぎ用の4000番から6000番のものまでがある。さらに細かいものでは、刃先を磨くために粒度8000番の砥石がある。特別に粗い100番から220番のものは、損傷を受けたり極端にすり減ったりしている刃を修繕するのに使う。

　チョークのような仕上げ砥石は、仕上げ用の水砥石の表面にこすりつけてスラリーを作り、研磨作用を向上させるためのものである。

グレード	人工油砥石	天然油砥石	水砥石(粒度)
粗い	粗い	ソフト・アーカンサス	800
中ぐらい	中ぐらい	ハード・アーカンサス	1000～1200
細かい	細かい	ブラック・ハード・アーカンサス	4000～6000
極細		半透明アーカンサス	8000

ダイヤモンド砥石

　きわめて耐久性の高い砥石は、モノクリスタル・ダイヤモンドの小片を埋め込んだニッケルめっきのスチールプレートでできており、堅いポリカーボネートの基部が接着されている。こういった短時間で研ぎあがる砥石には長方形のものや細いものがあり、乾いた状態でも水でぬらした状態でも使える。ダイヤモンド砥石はスチールやカーバイドの道具を研ぐことができる。

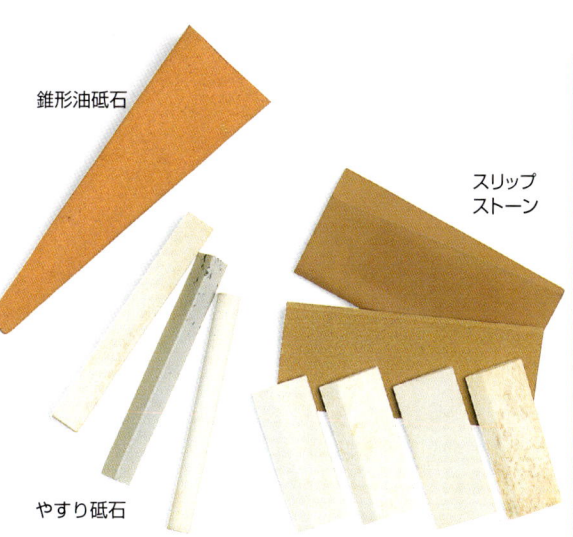

錐形油砥石

スリップストーン

やすり砥石

ナイフの刃形の油砥石

金属研磨プレート

　伝統的な砥石に代わるものとして、油をひいたスチールまたは鋳鉄のプレートに、炭化珪素の粉をだんだんと細かくなるようにふりかけて完全に平らにのばし、そこでかんなやのみの刃や非常に鋭い刃先を研ぐ。スチール工具の刃の最先端を仕上げるには、平らなスチールプレートの上に広げたダイヤモンド粉の混合物を使う。ダイヤモンドの研磨剤は、先に焼結炭化物合金がついた道具を研ぐのにも使われる。

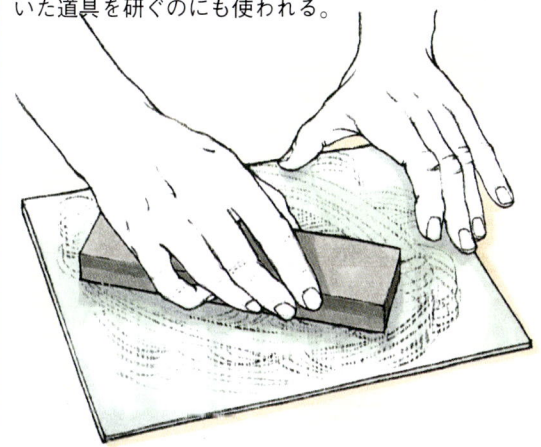

砥石の手入れ

　比較的粒度の粗い水砥石は、使う前に5分ほど水につけておく。粒度の細かい砥石であればつける時間はもっと短くてよい。水砥石をいつでも使えるようにしておくには、水分が蒸発しないよう砥石にぴったり合ったビニール製の箱に入れて保管し、温度は氷点より上に保つ。油砥石はほこりが付着しないようにカバーをかけておき、パラフィンを塗った目の粗い布でときどき表面をふく。

　砥石はどれも使い続けているとやがてくぼんでくる。油砥石を平らにするには、油をひき炭化珪素の粉をふりかけたガラス板にこすりつける。水砥石の表面は、ガラス板にテープでとめた粒度200の耐水ペーパーにこすりつけてひき直す。

各種刃の研磨方法

新品のかんな刃やのみの刃は、工場で刃先を25度の角度に研磨して出荷される。木工家のなかには、針葉樹材を切削しやすいように、これをさらに鋭い角度にするものもいる。しかし広葉樹材の場合は逆に、この角度は長く切れ味を保つには弱いため、通常は砥石で2次的な角度——第2段刃先角——をつけて使う。刃先角は工具の種類とそれを使って切削する材料の種類によって異なる。たとえば、台かんなの場合は、30～35度が最もよく切削できる。また木槌で材中に打ち込まれることがないペアリングのみは、20度くらいの浅い角度で研がれる場合が多い。密度の高い広葉樹材にほぞを切るときののみは、35度くらいに研いだほうが効率がいい。

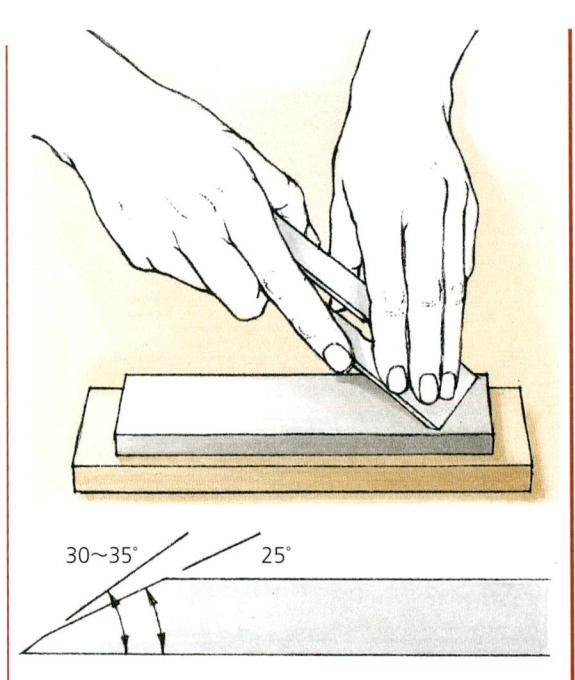

かんな刃の研ぎ

刃表を下にして、人さし指を片方の側面にそわせるように伸ばして刃を握る。もう一方の手の指先を刃先のすぐ後ろに置く。

水またはオイルで浸した中砥のベンチストーンのうえに、角度のついた面を置き、前後に揺らしてみて、砥石にぴったり密着したと感じるところで止める。幅の広い刃の場合は、刃先全体が砥石につくように砥石に対して斜めに置く。

刃先をそこから少し立てるように傾け、砥石の端から端までを使って前後に動かし、第2段刃先角を出す。手首をしっかりと固定させて同じ角度で動かすことが大事。

刃裏の磨き

グラインダーで研削してある刃は、刃裏や刃表に微小な傷が残っていたり、刃先にざらざらとした指にひっかかる感じが残っていたりする。刃先を研磨したあともこれが残っていては、正しく研磨したことにはならない。そのため、新品の刃を研磨の第1段階は、中砥のベンチストーンか金砥で刃裏を磨くことからはじめる。

水またはオイルを浸したあと、刃表を上にして砥石の上に平らに置く。刃が揺れないように指先で一定の力を加えたまま、刃を前後させる。刃先から50mmまでを集中して研ぐ——残りは購入時のままでよい。仕上砥石で表面が鏡面状になるまで同様にして研ぐ。

のみの研ぎ

のみの刃も上と同じ方法で研ぐが、のみの刃は細いものが多いので、中央部にくぼみができないように、砥石の全面を使って研ぐようにする。

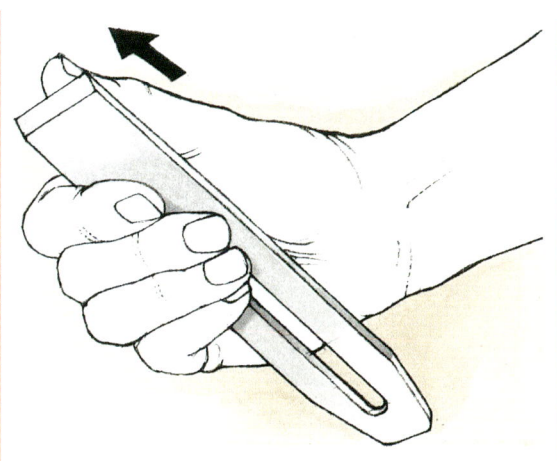

刃返りの除去

1mmほどの研ぎ角が出たら、仕上砥石で同じ作業を続ける。すると刃の先端に"刃返り"——刃裏側を親指の腹でこすると感じるバリ——ができる。刃裏を仕上砥石で磨き、この返り刃を取り除き、再度刃表を数回軽く研ぐ。そしてもう一度裏返してバリを取り、こうして親指で確かめながら仕上げる。

革砥による研磨

研ぎの最終段階は、超仕上砥石（37ページを参照）または革砥——厚い牛馬の皮革で、粒度の細いペーストを塗って使う——で磨きあげる。

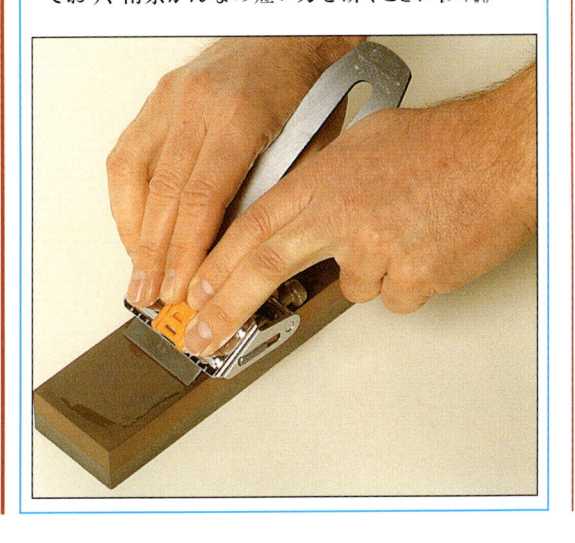

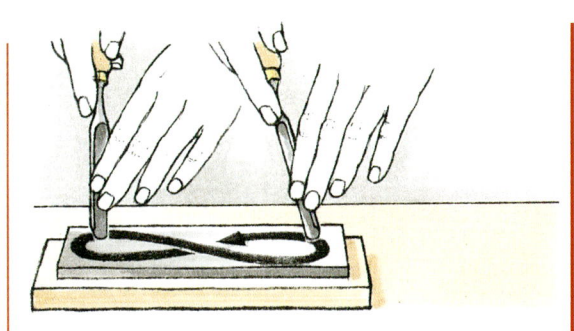

外丸のみの研磨

外丸のみ（29ページを参照）を研ぐときは、ベンチストーンの上を刃を左右に振りながら、8の字を描くように動かす。こうすることによって刃先の曲面を均等に砥石にあて、研ぐことができる。

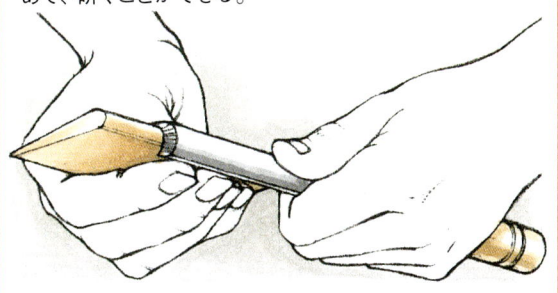

バリの除去および革砥がけ

刃の内側にできたバリをスリップストーンで取り、最後に柔らかい皮の細片で刃先を包むようにして革砥をかける。

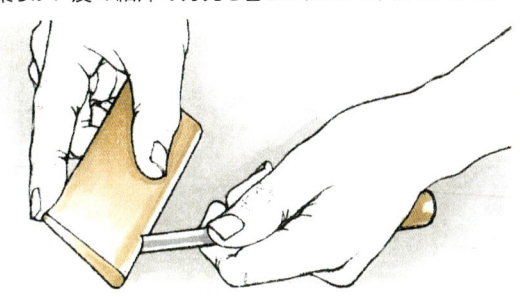

内丸のみの研ぎ

同じスリップストーンで内側の凹面の刃先を研ぐ。

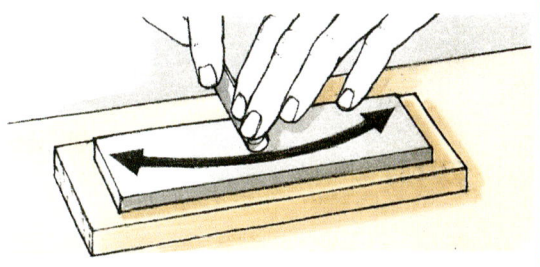

刃返りの除去

内丸のみの刃返りは、水またはオイルを浸したベンチストーンで刃裏を研いで取り除く（左上参照）。曲面に合わせて回転させながら前後に動かすが、刃全体を砥石に平らに押し付けることが大切。

ホーニングガイドの使い方

のみやかんなの刃を研ぐとき、正確な角度を保つことがどうしてもできないという人は、これを使うと便利。一種の補助具で、刃を一定の角度で保ち砥石にあてる助けをする。さまざまな種類のものが販売されており、南京かんなの短い刃を研ぐときに便利。

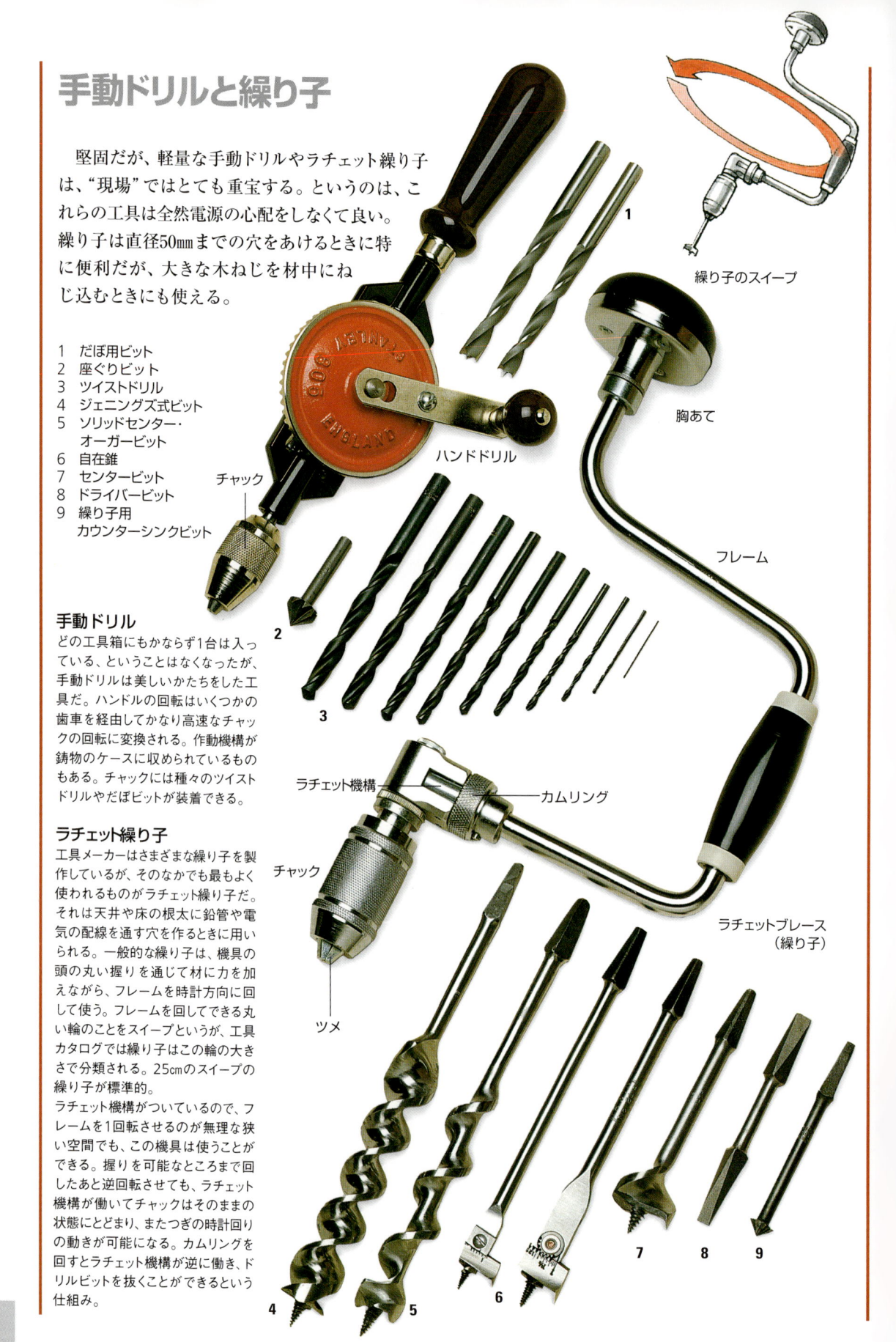

手動ドリルと繰り子

　堅固だが、軽量な手動ドリルやラチェット繰り子は、"現場"ではとても重宝する。というのは、これらの工具は全然電源の心配をしなくて良い。繰り子は直径50mmまでの穴をあけるときに特に便利だが、大きな木ねじを材中にねじ込むときにも使える。

1　だぼ用ビット
2　座ぐりビット
3　ツイストドリル
4　ジェニングズ式ビット
5　ソリッドセンター・
　　オーガービット
6　自在錐
7　センタービット
8　ドライバービット
9　繰り子用
　　カウンターシンクビット

手動ドリル

どの工具箱にもかならず1台は入っている、ということはなくなったが、手動ドリルは美しいかたちをした工具だ。ハンドルの回転はいくつかの歯車を経由してかなり高速なチャックの回転に変換される。作動機構が鋳物のケースに収められているものもある。チャックには種々のツイストドリルやだぼビットが装着できる。

ラチェット繰り子

工具メーカーはさまざまな繰り子を製作しているが、そのなかでも最もよく使われるものがラチェット繰り子だ。それは天井や床の根太に鉛管や電気の配線を通す穴を作るときに用いられる。一般的な繰り子は、機具の頭の丸い握りを通じて材に力を加えながら、フレームを時計方向に回して使う。フレームを回してできる丸い輪のことをスイープというが、工具カタログでは繰り子はこの輪の大きさで分類される。25cmのスイープの繰り子が標準的。
ラチェット機構がついているので、フレームを1回転させるのが無理な狭い空間でも、この機具は使うことができる。握りを可能なところまで回したあと逆回転させても、ラチェット機構が働いてチャックはそのままの状態にとどまり、またつぎの時計回りの動きが可能になる。カムリングを回すとラチェット機構が逆に働き、ドリルビットを抜くことができるという仕組み。

繰り子のスイープ

ハンドドリル
チャック
胸あて
フレーム
ラチェット機構
カムリング
チャック
ツメ
ラチェットブレース
（繰り子）

ドリルビット

手動ドリルでは、チャックが円筒状のツイストドリルやだぼビットをくわえる。繰り子は特殊な四角い軸のビットをくわえるように設計されているが、円筒状の軸のドリルもくわえることができる汎用のツメを持ったものもある。

ツイストドリル

単純なかたちのツイストドリルには、2本のらせん状の（ツイストした）溝が切ってあり、ドリルが材中に入っていくとき、削りクズを排出する。2本の溝は先に進むにつれ、2個の刃先になり、さらに1個の鋭いドリル先端をかたちづくる。ほとんどの手動ドリルが、最大径9mmまでのビットがつけられる。木工家の多くが、木にも金属にも使えるツイストドリルを持っている。

だぼ用ビット

木材に穴をあけるためのツイストドリルで、先端の中心が鋭くなっているので、正確な部位に刺すことができる。また両側に2個の鋭い突起が出ているので、縁のきれいな穴をあけることができる。

オーガービット

ラチェット繰り子用のソリッドセンター・オーガービットは、1本のらせん状の溝を持ったビットで、それが削りクズを排出し、深い穴もまっすぐ進むことを可能にしている。ビット先端の2箇所の鋭い突起（けづめ）が材中を掘り進み、きれいな縁の穴をあけることができる。また先端中心がねじ状になっているので、ビットを楽に材中に導くことができる。それとよく似ているジェニングズ式オーガービットは、らせん状の溝が2本切ってあるもの。オーガービットは、径が6～38mmまでのものがある。

自在錐

調節式の可変ビットは、ある範囲内で自由に穴の径を変えることができる便利なビット。機種によるが、12～38mmのものと、22～75mmのものが一般的。

センタービット

68～112mmの比較的浅い穴をあけるためのビットで、単純なかたちをしており、同等のオーガービットに比べると安価。

ドライバービット

繰り子を力の強いドライバーに代えるビットで、左右両方使えるようになっている。

座ぐりビット

木ねじの頭を材中に沈め、表面から出ないようにするための先細の穴をあけるビットで、手動ドリル用も、繰り子用もある。

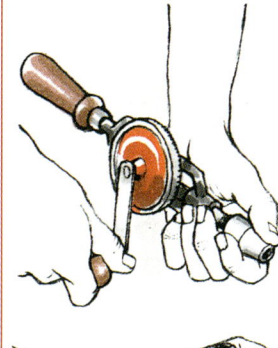

手動ドリル・チャックの操作法

手動ドリルのチャックを開くときは、一方の手でチャックを握り、ハンドルを反時計回りに回す。ドリルをさし込んだら、チャックをふたたび握り、今度はハンドルを時計回りに回すと、締まる。

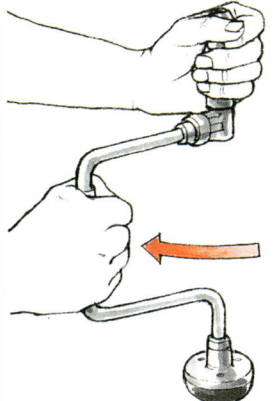

ラチェット繰り子・ビットの装着

カムリングを回してラチェットを動かないようにし、一方の手でチャックを握り、フレームを時計回りにまわす。チャックにビットをさし込んだら、反対の動作をおこないつめを締める。

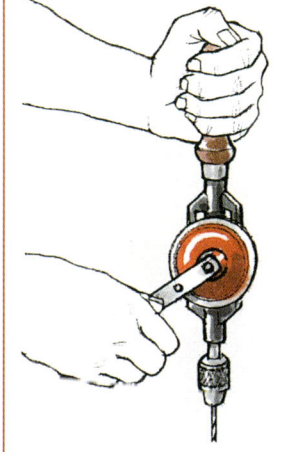

手動ドリルの使い方

ドリルビットの先端を材にあて、ハンドルを前後に動かし、ビットの先端を材に食いこませる。ハンドルを一定の速度で回転させ、必要な深さまで穴を掘り進める。細いツイストドリルを使っているときは、大きな力を加えないようにすること。ドリルを材中に侵入させるには、機具自体の重さで十分。

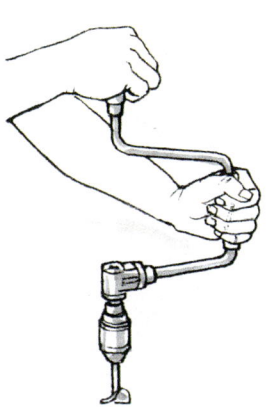

繰り子による穴あけ

一方の手で繰り子をまっすぐ立て、もう一方の手でフレームを回転させる。垂直に掘り進むためには、フレームを回す手を体で支えることが大切。ビットをはずすときは、ラチェットを固定し、数回逆回転させて先端を材から抜き、フレームを前後に動かしながら機具を持ち上げる。

電動ドリル

電動ドリルは非常に貴重な木工用工具であるばかりか、たいていの人は家の修理やメンテナンスのために、少なくとも1台はコード式ドリルかコードレスのドリルをもっている。その結果、安価で事実上"使い捨て"のものからプロの建設業者や指物師が使う耐久性があって高性能のものまで、市場には数限りない種類のドリルが出回っている。その中間に属するドリルが木工には適当だが、できるかぎりすべての必要を満たすものを選ぶのがよい。

コード式ドリル

木工業者の多くは依然としてコンセントからの電力で動くドリルを選んでいる。これは比較的重くてかさばるのだがきわめて頑丈で信頼性のある工具で、手近にコンセントがあるかぎりは何時間も続けて使うことができる。

ハンマーアクション

スイッチを入れるとドリルがハンマーアクションになり、ドリルビットの後ろが毎秒数百回たたかれ、石やレンガ壁に穴をあけるときなど石造りのものを粉砕するのに役立つ。ハンマーアクションは木工にはまったく必要ない。

コード式電動ドリル

- ストッパー
- キーレスチャック
- ハンマーアクションスイッチ
- スピード選択
- 逆転スイッチ
- 可変スピードトリガー
- ロックボタン

ドリルチャック

ほとんどのチャックには、3つの自動的に中心に戻るあごがあり、そこにドリルビットの軸を取りつける。チャックの中には、ドリルビットがあごにしっかりと固定されて使うときに抜け落ちないようにするために、特殊なノコ歯状のチャック回しで締めなければならないものもあるが、大多数のドリルは"キーレス"チャックになっており、ただ装置の周りの円筒形の輪を回すだけでビットがしっかりとまるようになっている。

ストッパー

調節可能なストッパーは、ドリルビットが必要な深さの穴をあけた時点で素材にあたって止まる。

逆転機能

逆転機能スイッチで回転の方向が変わるので、電動ドリルは木ねじを抜くのに使うことができる。

トリガーロック

ドリルのハンドルにあるボタンを押すと、トリガーがロックされてドリルは連続的に動く。トリガーをもう一度しぼると、ロックボタンが元に戻る。

スピード選択

2、3の初歩的なドリルは限られた範囲の決まったスピードをスイッチの操作で選ぶようになっているが、ドリルの多くはスピードを変えられる工具であり、トリガーに加える力によってコントロールすることができる。ほとんどのタイプでは、トリガーの動きを制限する小さなダイヤルを回して最大の回転スピードを選ぶこともできる。多くのドリルには電子スピードコントロール・システムも組み込まれており、ドリルビットにかかる負荷の変化に応じた最適のスピードを維持するようになっている。同様の装置はビットが木材の中でつまった場合にモーターを損傷から保護することが多く、高速の電気モーターが始動するときに最初の衝撃を最小にする働きもする。メーカーではドリルが最大に機能するスピードの範囲で使うことをすすめている。しかし経験則によれば、木材に穴をあけるときは高速を選択するが、金属や石に穴をあけたり木ねじを入れたりするときはそれよりも低速でよいのである。

1 座ぐりビット
2 座ぐり付きドリルビット
3 座ビット(深穴用)
4 プラグカッター

電動ドリルビット

電動ドリルの多くは、チャックに取りつけられるドリルビットの軸のサイズに制限があり、最大で直径10mmか13mmである。ツイストドリルやだぼ用ビット（75ページを参照）の軸のサイズは、あける穴のサイズとぴったり一致している。しかし大多数の木材穴あけ用ビットは、軸の直径よりも大きな穴をあけることができる。

短軸ツイストドリル

直径13mmから25mmのツイストドリルは、標準サイズの電動ドリルのチャックに合うよう軸を切りつめてある。ツイストドリルでは穴のど真ん中を探り当てるのが難しい。したがってとくに広葉樹材に穴をあけるときには、まず金属加工用のパンチで穴の中央にしるしをつける必要がある。

板錐

これは電動ドリルで直径6mmから38mmという大きな穴をあけるための安価なドリルビットである。素材の表面に斜めから穴をあける場合でも、長い案内ねじで確実に位置を決めることができる。

フォルストナービット

フォルストナービットは例外的に直径50mmまでの底が平らな穴を作ることができる。不規則な木目や節があってもビットの向きがそれることがないので、重なり合う穴や素材のへりに出る穴を難なくあけることができる。

座ぐりビット

手動ドリルや繰り子につける座ぐりビット同様、このドリルビットも木ねじの頭を出すための先が細くなったくぼみを作るために使う。木材にあけたクリアランスホールの中央にビットを置き、電動ドリルをハイスピードにして滑らかになるように仕上げる。

座ぐり付きドリルビット

この専門のドリルビットは、木ねじのためのパイロットホールとクリアランスホールと皿穴を1回の操作で作ることができる。それぞれのビットが個々のねじに合うようになっている。

座ぐりビット（深穴用）

このタイプのビットは木ねじの頭を入れるための先が細くなったくぼみを作るのではなく、素材の表面の下にねじが入るようなシンプルな穴をあけるものである。

プラグカッター

これで円柱形の木の栓を切って、穴をくり広げて入れた木ねじの頭を隠す。

ドライバービット

溝つきやクロスヘッドのねじを入れるのに使う。

1　短軸ツイストドリル
2　板錐
3　フォルストナービット
4　ドライバービット

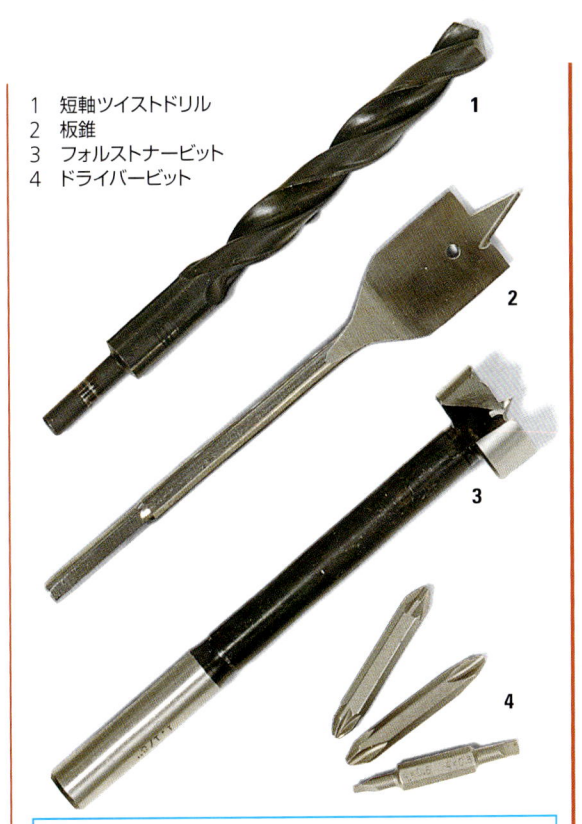

ドリルスタンド

垂直のスタンドによって、移動式の電動ドリルが便利なドリルプレスになる。バネが入ったフィードレバーを引くと、ドリルビットが木材の中に下りる。穴の深さはスタンドにあるゲージによって前もってセットできる。鋳鉄の台座を作業台にボルトかねじで止めること。

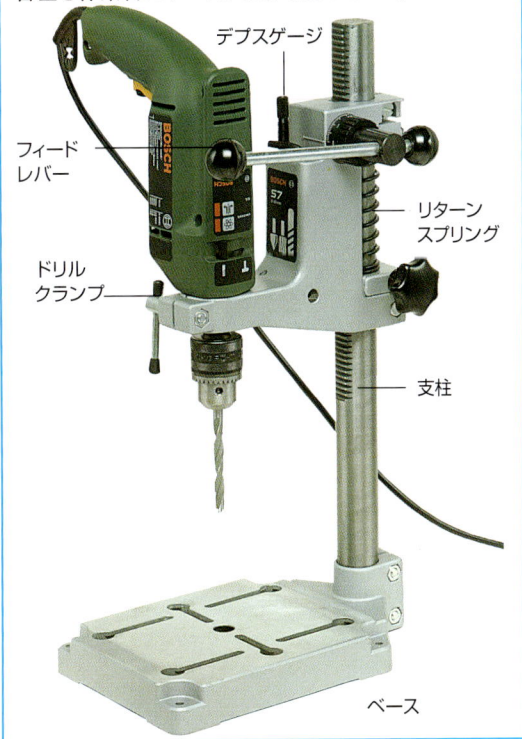

デプスゲージ
フィードレバー
リターンスプリング
ドリルクランプ
支柱
ベース

ドライバー

　最近では多くの木工作業者が、多数のねじ止め備品を含むさまざまな形の定量生産製品を扱うため、電動ドライバーや少なくとも一台は大型のポンプアクション式ドライバーを使用している。しかし、実際に簡単なマイナス形とプラス形のねじを打ち込むときには、基本のドライバーが数本あれば十分である。

キャビネットドライバー

　一般的な用途の広い木工用ドライバーには、手のひらに心地よくなじむ比較的大きな卵形のプラスチック製または木製グリップがついている。伝統的な平らな刃先は円筒形のシャフトからまっすぐ研いだ形のものや、外に向かって広がった後刃先が先細りになるものがある。刃先はねじの溝にぴったりと合わなければならず、大小一通りのドライバーを揃えておくとよい。

プラス形ドライバー

　伝統的な型の木ねじと動きがスムーズな最新の二重らせんねじには、ドライバービットとねじのかみ合わせをよくするために、どちらにも十字形の溝がついている。ねじに合うドライバーには4つの溝のついた先の尖った先端が設けられている。

ドライバービット

　マイナス形とプラス形の刃先は、電動ドライバーまたは無段変速電動ドリルと一緒に使用すると便利である。

最新のキャビネットドライバー
伝統的なキャビネットドライバー
柄に縦溝の付いたドライバー
ラチェットドライバー
ポジドリブドライバー
プラスドライバー

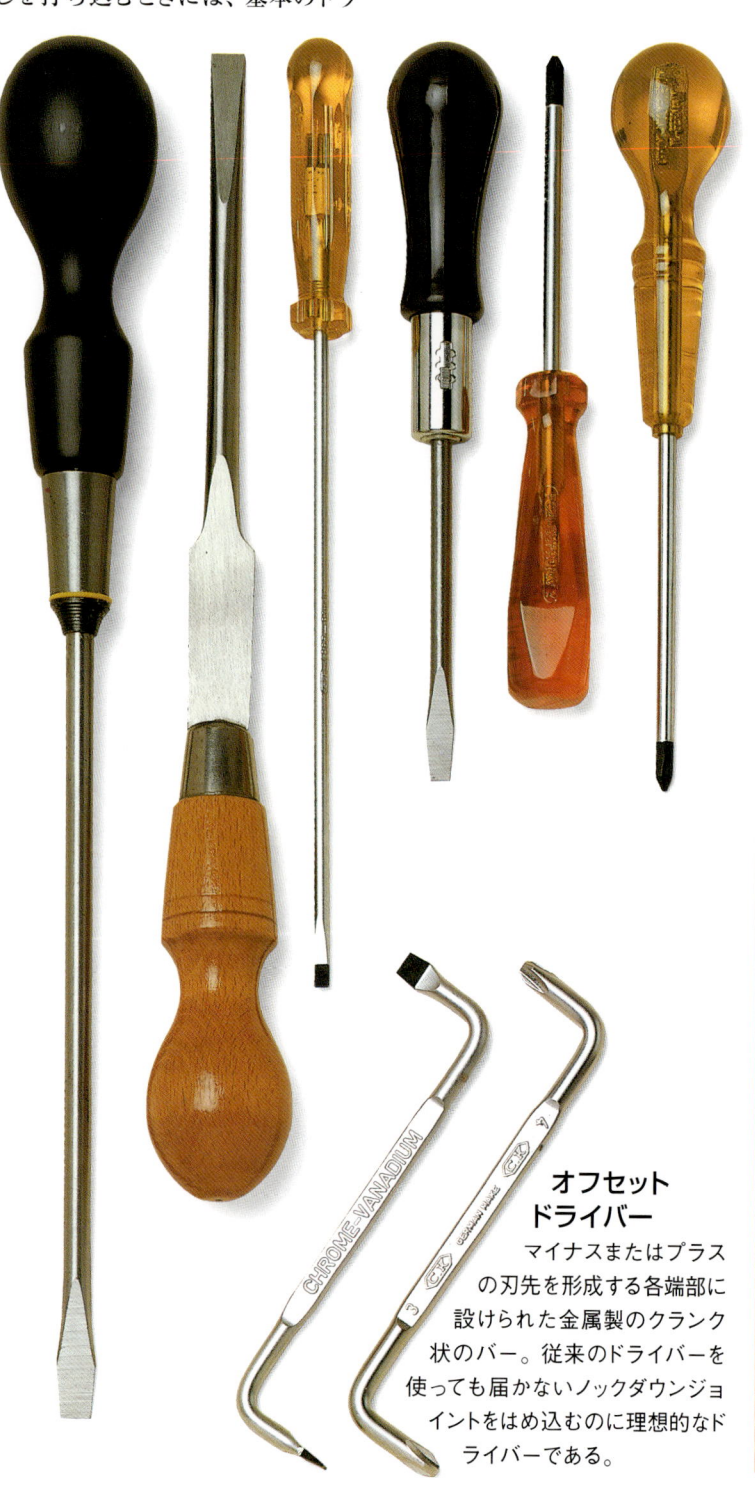

オフセットドライバー

　マイナスまたはプラスの刃先を形成する各端部に設けられた金属製のクランク状のバー。従来のドライバーを使っても届かないノックダウンジョイントをはめ込むのに理想的なドライバーである。

木工用クランプ

　木工用接ぎ手の接ぎ合わせは、部材の間に最適な接合面積を確保するように設計されているため、接ぎ手は接着剤でしっかりと固着する。きれいに加工した接ぎ手をクランプで固定するときは最小限の力で済み、クランプの主な使用目的は、加工材を組み立てる手助けをして、接着剤が乾く間、その部分をしっかりと固定させることにある。多数のクランプを利用できればいつも便利だが、いくつか大きさの違うクランプが各種何組かあれば十分である。クランプの全セットは比較的高価だが、年月をかけて入手することもできるし、必要に応じてレンタルすることもできる。

1　パイプクランプ
2　窓枠用クランプ
3　早締めクランプ
4　G形クランプ
5　ロングリーチG形クランプ
6　ショート・早締めクランプ
7　手回しクランプ

留め接ぎクランプ
この特殊なクランプは接着剤を塗った留め接ぎを直角に固定し、補強用の釘を打ち込む間に部材が割れるのを防ぐ。

早締めクランプ
　早締めクランプは木材の大きさに合わせてすばやく調節できるように設計されており、各種クランプが利用できる。サッシタイプには2つの可動あごがついており、その1つはねじで調節することができる。より小さなタイプのクランプではねじ調節できるあごだけが可動する。軽量のクランプには、型締力を与えるカムアクションを備えた木製のあごがついている。

平行クランプ
　板の範囲を越えて均一な圧力をかけるように取りつけられた幅の広い木製のあごを備えた伝統的なクランプ。平行クランプは、直角ではない框組みを組み立てたり先細りの工作物を締めつけるときに特に便利である。

窓枠用クランプ
　窓枠用クランプは大型の框組み、パネル、カーカスを組み立てるために使う。窓枠用クランプには平らなスチールバーの一端に取りつけた、ねじ調節できるあごがついている。異なる大きさの組立品に合わせるためには、2番目の可動あごをバーに沿ってスライドさせて、先細りのスチールピンで必要な位置に固定する。つまりバーに開けた一連の孔の1つに、スチールピンをあごの後ろからはめ込む。このタイプのクランプの長さは450〜1200mmである。

G形クランプ
　G形クランプは非常に使い勝手の良い多目的クランプで、作業する際に木材を作業台に取りつけて使用することが多い。鋳鉄製のものが一般的で、框組み自体が固定あごとなっている。ボールジョイント・シューを取りつけたねじによって型締力が働く。多数の大きさのG形クランプが製造されている。

パイプクランプ
　外見は窓枠用クランプとほぼ同じで、両あごが丸いスチールパイプの全長に取りつけられている。

木工用接着剤

液状であれ、水と混合用の粉末または顆粒であれ、木工用接着剤はブラシ、ローラーまたは散布機で塗布することができる。すべての接着剤は木材の細胞構造内部に吸収されて、接ぎ手の両部材の繊維間で強力に結合する。しかし、蒸発作用によって固まる接着剤にはほとんど耐水性がない。湿った状態での接着剤としては、化学反応によって硬化するものを選ぶこと。

木工用接着剤を塗る

接着剤の間隙を埋める特質を利用して、接ぎ手が密着するように作らなければならない。接着面がきれいで油脂がついていないことを確認する。チークやシタンのような木材は、接着剤がきちんと吸収されるのを妨害する天然樹脂が表面に被膜を形成する前に、できるだけ切断直後に接着することが最適である。

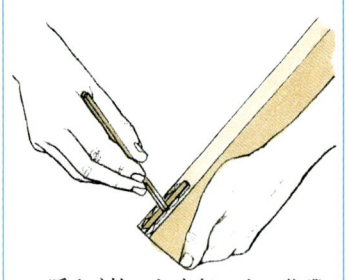

暖かく乾いた空気の中で作業しながら、接ぎ手の両部材に接着剤を薄い均等な層に塗る。ほぞ接ぎを組み合わせるときには、ほぞに塗った接着剤の大半が拭い取られるので、ほぞ穴の表面には注意して塗布しなければならない。

接ぎ手を慌てて接着してはいけないが、木材が膨張し始めて接着剤が固まる前に接ぎ手を組み合わせるには、できるかぎりすばやく作業すること。大型または複雑な接ぎ手を組み合わせるときには、接ぎ手表面を接合するために別々に接着剤を塗る2液性接着剤を使う。接着剤を塗った部材をクランプに固定して、余分な接着剤を雑巾で拭い取る。

PVA接着剤

一般にホワイトグルーとして知られる酢酸ビニル樹脂（PVA）接着剤は接ぎ手作りに人気のある便利な接着剤である。プラスチック容器に入れた調合済みの乳濁液であるPVAは蒸発作用によって接着する。塗るのが簡単で、乾くとほぼ透明になる無害な接着剤である。

用途の広いPVA接着剤は内装作業にのみ適している。接着状態は強力だが、接着線は比較的曲がりやすい状態のままであり、接ぎ手に長時間重い負担がかかると変形したりずれることがある。研磨紙で仕上げようとしても、摩擦によって接着剤が柔らかくなり、研磨紙が目詰まりをおこすのでうまく磨けない。

脂肪族樹脂のPVA接着剤は用途の広いPVAと似ているが、耐湿性が改良されていて、柔らかくなりにくい。

化学結合の"架橋結合"PVA接着剤はさらに耐水性が向上しており、非常に強力な接着状態を作り出す。

尿素およびレゾルシノール樹脂接着剤

ユリア（尿素）ホルムアルデヒド樹脂接着剤は化学反応によって接着する2液性接着剤であり、硬い接着層で乾燥する優れた耐水性の接着剤である。樹脂と硬化剤は一般に水と混ぜたときに活性化する乾燥粉末としてあらかじめ混ぜて販売されており、混合物の作業時間は20分間接着である。

いくつかの尿素接着剤と一緒に、樹脂は別個の液体硬化剤と共に包装されている。樹脂を接ぎ手の片方に塗り、硬化剤をもう一方に塗っておけば、あとは継ぎ手を組み合わせるだけで接着剤が固まり始める。

より強力で優れた耐水性を兼ね備えた接着剤としては、使用前に混ぜる2液性接着剤のレゾルシノールホルムアルデヒド樹脂を選ぶこと。液体樹脂は粉末硬化剤と一緒に販売されているか、両成分がともに液状であるかのいずれかである。レゾルシノール樹脂が乾燥するとえび茶色の接着層となる。

ホルムアルデヒドを含む硬化していない接着剤を使用する場合は、必ず作業場の換気をよくして、フェイスマスクや手袋、防護めがねを身につけて作業すること。

にかわ

伝統的なにかわは合成樹脂接着剤にその座をかなり奪われてきたが、家具の修復作業や化粧張りにはやはり便利である。動物の皮と骨で作られた接着剤で、臭いは強いが無害である。強力な接着状態を作り出し、熱と水分を加えると修正がきく。にかわは一般には、被膜つきのにかわ鍋の中で熱した水に溶かすため、顆粒状で売られている。にかわを滑らかな流れやすい濃度に溶かして、両方の接合する表面に熱いまま塗布する。冷却して蒸発させると約2時間で固まる。

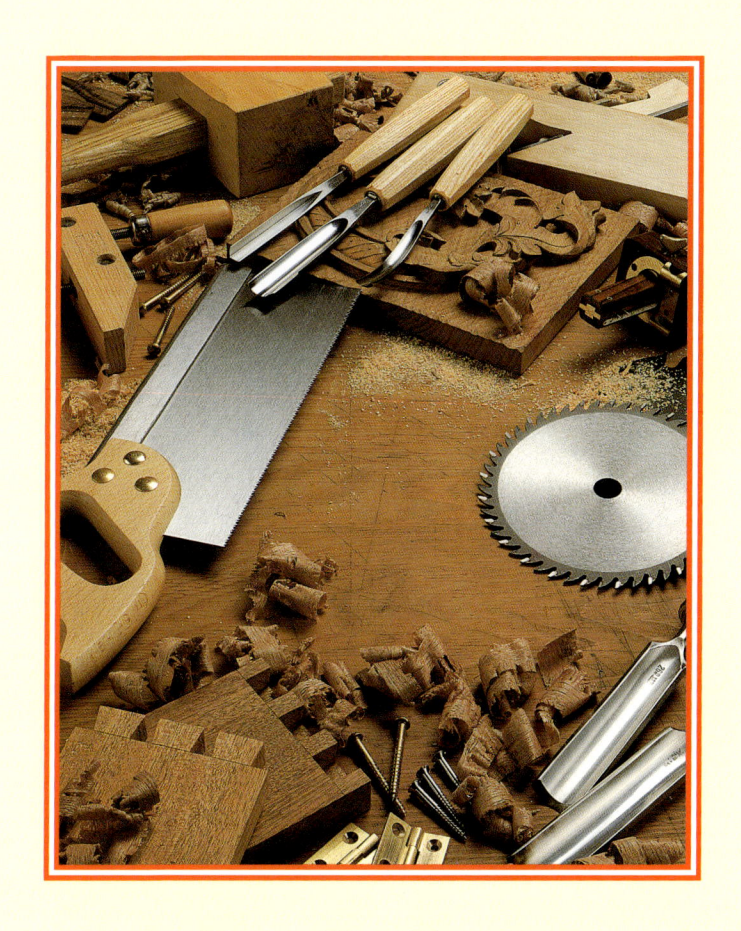

木材の性質

木の起源

　森林にしろ、1本だけ生えているにしろ、木は天候の調整に役立ち、多くの植物や生物の住みかになってくれる。木からの産物は、天然の食料から樹脂、ゴム、薬といった工業製品に使用される抽出成分まで幅広い。そして伐採して木材になると、無限に応用がきき、どこでも使用できる原材料となる。

木は何でできている？

　植物学的には、木は種子植物門に属している──種子をもつ植物であり、さらに裸子植物と被子植物へ区分される。裸子植物は針状の葉をもつ針葉樹として知られ、被子植物は葉が広く落葉性か常緑性で、こちらは広葉樹として知られている。木はすべて多年性植物だ。つまり、少なくとも3年は生長を続けるという意味である。

　典型的な木のもっとも大きな茎部分が幹で、葉をつける枝のある樹冠を擁している。根の部分は木を地面に固定し、また、水分と養分を吸いあげ、木を持続させる役割も果たしている。幹の外側は、根から葉へ樹液を運ぶ道管として機能する。

成長した針葉樹の森林

養分と光合成

　木は葉の気孔と呼ばれる孔から二酸化炭素を取りいれ、葉からの蒸発が微細細胞（下記参照）を通して樹液を引きこむ。葉の緑色の色素が日光からエネルギーを取りこみ、二酸化炭素と水から有機化合物を作る。この反応は光合成と呼ばれ、木が生きていける養分を作りだし、同時に大気中へ酸素を放出する。葉が作りだす養分は木の中を分散して生長している部分へ届き、また、特定の細胞に蓄えられる。

　木材が"呼吸"しているから、メンテナンスの一環として養分を与えることが必要と考えられていることも多いが、木はいったん伐採されると機能停止する。その後に生じる膨潤や収縮は、たんに木材が環境に適応して、スポンジのように湿気を吸収したり放出したりしているだけだ。ワックスやオイルといった仕上げ剤は表面を強めて保護し、ある程度の安定した働きをするよう助けるが、木材に"栄養を与えている"わけではないのだ。

細胞の構造

　木材構造は、巨大なセルロースの管状細胞が有機物のリグニンと結合して形づくっている。この細胞は木を支え、樹液の循環そして養分の貯蓄を助けてくれる。大きさ、形状、配置はさまざまだが、一般には長く薄く、その木の幹や枝のおもな軸に沿って縦方向に走っている。この向きが繊維方向に関連して特性を生みだし、さらに種によって異なる大きさや配置は細かなものから粗いものまであり、木材の肌目という特性を示している。

木の特定

　細胞を調べれば、切削された木材が針葉樹材か広葉樹材かといった特定は可能だ。針葉樹材の単純な細胞構造は、おもに仮道管細胞で構成されている。この細胞がまず樹液を伝える役割を果たし、さらに構造を支えている。これらは一定の放射状に広がる層となって、木の本体を作っている。

　広葉樹材は針葉樹材に比べて仮道管が少ない。代わりに、樹液を伝える道管や気孔があり、構造を支持する繊維がある。

二酸化炭素
葉を通じて空気中
から取りこむ

酸素
生材が空気中に
放出

葉をつけた枝
葉は光合成によって木に
必要な養分を作りだす

幹
幹は葉をつけた枝を支
え、利用可能な木のお
もな材料となる

針葉樹　広葉樹

根
根は木を固定し、
土から水分と養分を吸収

木はどのように生長するか

樹皮と木部のあいだにある生きた細胞の薄い層は形成層と呼ばれ、毎年新しい木部を内側に、外側に靭皮あるいは師部を作りだす。木の内径が長くなるにしたがって、古い樹皮は割れ、新しい樹皮が靭皮によって形づくられる。形成層の細胞は弱く、薄い壁状になっている。生長の季節には水分を含み、樹皮は簡単にはがれる。冬季にはこの細胞は固くなり、強固な樹皮へと変わる。内側の新しい木部の細胞は2種類に分かれていく。生きた細胞は木の養分を蓄え、機能停止した細胞は樹液を運び、構造を支持する。この2種類の細胞が辺材の層を作る。

辺材では、毎年新しい輪が前年の輪の外側に作られていく。同時に、より中央に近いもっとも古い辺材は、もはや水分を運ぶ役割を果たさなくなる。この部分は化学的に心材へと変化し、木の骨格を形づくることになる。心材部分は毎年大きくなっていくが、辺材は木が生きている限りほぼ同じ厚さのままである。

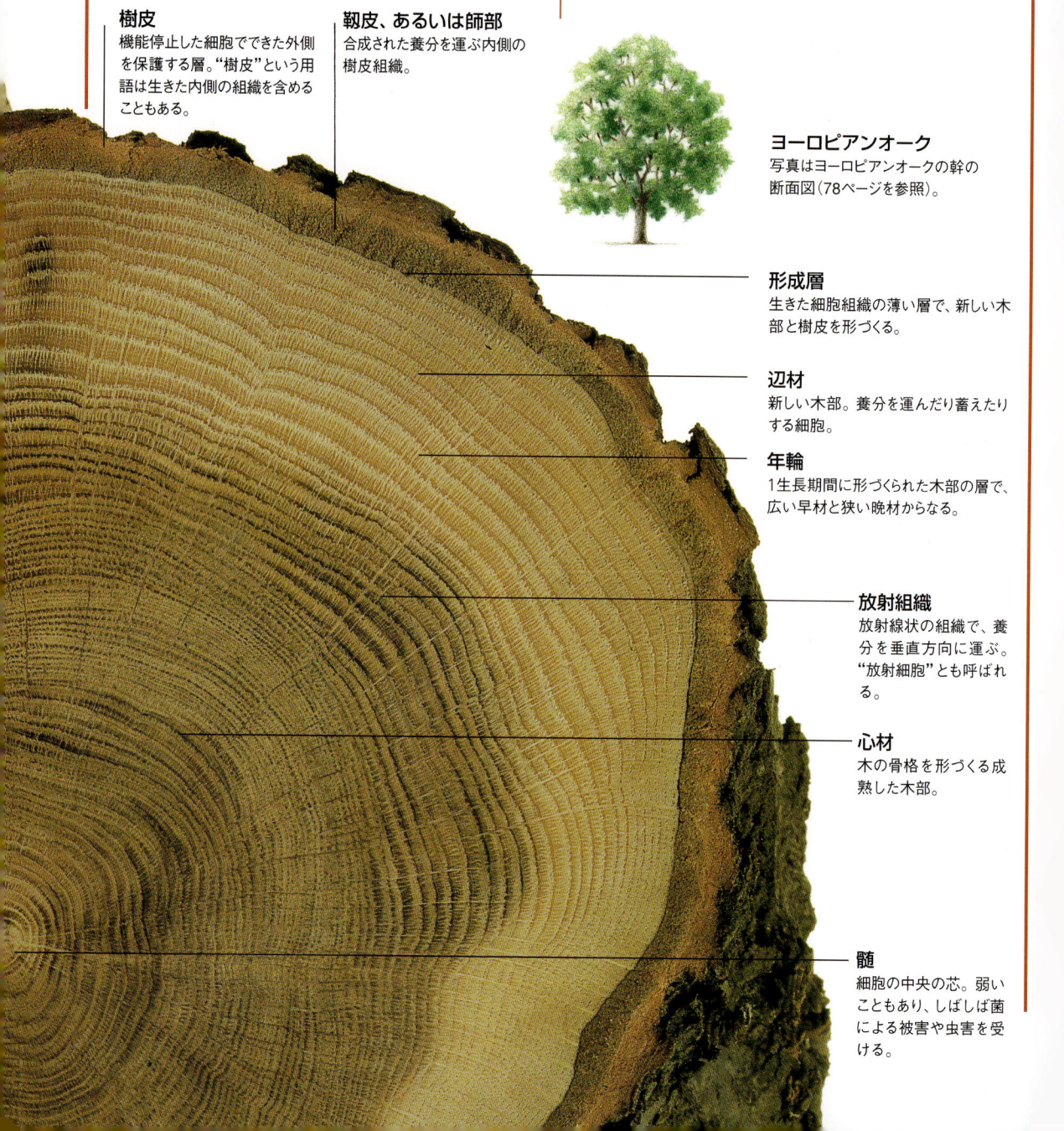

樹皮
機能停止した細胞でできた外側を保護する層。"樹皮"という用語は生きた内側の組織を含めることもある。

靭皮、あるいは師部
合成された養分を運ぶ内側の樹皮組織。

ヨーロピアンオーク
写真はヨーロピアンオークの幹の断面図（78ページを参照）。

形成層
生きた細胞組織の薄い層で、新しい木部と樹皮を形づくる。

辺材
新しい木部。養分を運んだり蓄えたりする細胞。

年輪
1生長期間に形づくられた木部の層で、広い早材と狭い晩材からなる。

放射組織
放射線状の組織で、養分を垂直方向に運ぶ。"放射細胞"とも呼ばれる。

心材
木の骨格を形づくる成熟した木部。

髄
細胞の中央の芯。弱いこともあり、しばしば菌による被害や虫害を受ける。

放射組織

　放射組織、あるいは放射細胞は木の中心から放射線状に並んでいる。辺材を通って水平に養分を運び、蓄える部分で、幹の軸を通る細胞と同じ役割を果たしている。放射組織によって形づくられるたいらな垂直の帯は、針葉樹材にはほとんど見られない。オークのような広葉樹材の仲間には、とくに柾目挽きにした場合、放射組織がはっきりと現れるものがある。

辺材

　辺材はより明るい色をしているので、たいてい見分けがつく。暗い色の心材とは対照的だ。しかしながら、このちがいはもとから色の薄い木、とくに針葉樹材ではあまり目立たなくなる。辺材の細胞はどちらかといえば薄く多孔質なので、湿気にやられやすく、厚みのある心材より収縮しやすい。裏を返せば、この多孔質という特性のおかげで、辺材は染料や保護剤を容易に吸収できるということになる。

　木工作業者にとって、辺材は心材より使い目がない。家具製作者は通常この部分はカットして破棄する。菌の害に弱く、一部の細胞に含まれている炭水化物は害虫にも狙われやすいからだ。

心材

　辺材の細胞が機能停止すると、心材となる。木の生長にこの先かかわることはなく、有機物質で詰まることもある木部だ。詰まった細胞をもつ広葉樹材——たとえばホワイトオーク——は浸透性がなく水漏れしないので、細胞のひらいた心材で比較的多孔性のレッドオークなどに比べると、樽のような道具にはずっと適している。

　機能停止した細胞の壁に変色を引き起こす化学物質は、広葉樹材の場合はときに濃くなることもあり、これは抽出成分と呼ばれている。抽出成分はまた虫害や菌にある程度の抵抗力を発揮する。

年輪

　早材と晩材によって生まれるはっきりとした帯は、1シーズンの生長を示すもので、伐倒した木の樹齢や生長時期の気候条件が読みとれる。簡単な例をあげると、広い年輪は生長条件がよかったことを示し、狭い年輪は条件がよくなかったり、日照りだったことを示している。年輪を研究すると、木の生長のさらに細かい歴史を読み解くことができる。

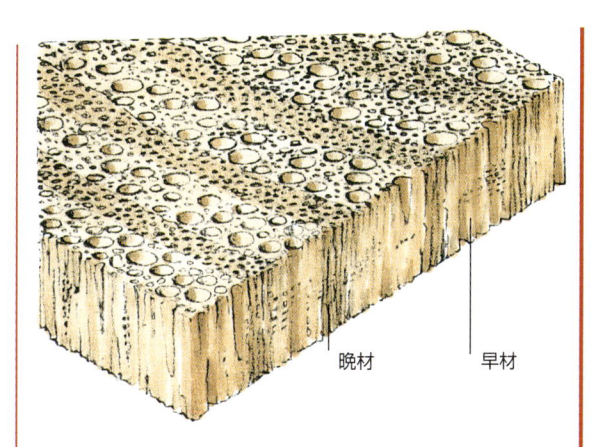

晩材　　　早材

早材

　早材、あるいは春材は年輪の生長が早かった春季の部分で、生長時期の初期を示している。針葉樹では壁薄の仮道管細胞が早材の厚みを形づくり、樹液がすばやく伝達されるよう促している。広葉樹ではひらいたチューブのような細胞が同じ役割を果たす。早材は年輪のより広い幅の部分、あるいはより色の薄い部分として見分けることができる。

晩材

　晩材、あるいは夏材は夏季にゆっくりと生長した部分で、壁厚の細胞を作りだす。ゆっくり生長することによって、より固く、そして通常はより色の濃い木となり、樹液を運ぶよりも木を支持する役割を果たしている。

若い広葉樹

木材の選別

目的に合った木材の選別は通常、素材の見た目と物質的特性、加工性に基づいて決める。樹種を決めたら、品質と状態から板を選ぶ。複数使う場合は、できれば同じ木から採れた板をもちいたい。最近では仕上げの作業で最大のよさを引きだすために、木材は造材の段階から評価されている。

木材を購入する

木材販売店はもっとも一般的な針葉樹材を大工仕事や建具用にストックしているが多い。トウヒ、モミ、マツなどだ。こうした木材は切断面あるいは表面にかんなをかけた部分を標準的な寸法にカットした専門用語で"ディメンション・ランバー"や"ドレス・ストック"の状態で販売される。1面以上が滑らかに処理されたものだ。

ほとんどの広葉樹材は幅と長さがまちまちの状態で販売されているが、中にはディメンション・ランバーの商品として販売されるものもある。定型の木材は300mm単位で売られている。使っている販売店でのシステムをたしかめてみよう。メーター単位ではフィートよりも5mm短い。メーター、フィート、どちらを使うにしても、むだが出たり、使う部分を選ぶときのために、長めに見積もること。

必要な木材の量を計算する際は、かんなをかける過程で各木材の表面から少なくとも3mmが除かれることを頭に入れて、実際の幅と厚みは木材取扱店の"呼び寸法"あるいは"ソーンサイズ"と表示されているより少なくなると考えておく。ただし、長さに関しては表示されているとおりと考えてよい。

材木置き場で板を重ねる

メートルとフィート

木材流通は国際的なので、生産者の国によってメートルを使用していたり、フィートを使用したりしている。メートル法統一にむける動きがあるものの、本書の執筆時点ではどちらも使用されている。混乱を避けるために、寸法を決める際はどちらか片方に統一することだ。この実物大の対照表は、100mmまでに対応する標準的な長さを示している。

木材の等級付け

針葉樹材は木目の規則性と、節のような容認できる欠点の数によって等級が決まる。一般的な木工作業では、強度等級でない"目視等級"ものがもっとも使いやすいだろう。強度等級された針葉樹材は強度が重要な建築構造用に評価される。"無欠点材"という用語は節や傷のない木材に使用されるが、指定しないかぎり通常は販売店で入手できるものではない。

広葉樹材は木材の欠点のない部分で等級が決まる。その部分が広ければ広いほど、高い等級となる。一般的な木工作業にもっとも適している等級は"1級"と"FAS"(1級と2級のあいだ)だ。

専門の会社が通販でも木材を販売しているが、現在のところ直接自分の目でたしかめて選ぶのが最善のようだ。木材を購入する際はかんなを持参し、ごく1部にあてて、色と木目が汚れやのこの跡で不鮮明になっていないかどうか確かめてもいい。

所要材料のリスト

リストは作品のあらゆる部材の仕上がりの長さ、幅、厚さを特定するために使用する。リストにはまた、必要な素材と量も記入しよう。リストを作成していけば、販売店側がもっとも経済的な方法で素材を供給してくれるし、木材を望みの寸法に製材しやすくする。

木材の欠点

　木材が注意深く乾燥されていないと応力が生じ、作業しづらくなることがある。乾燥がじゅうぶんでないと、正確さを必要とする部分に収縮が生じたり、仕口が開いたり、ゆがんだり、割れたりする場合がある。割れ、節、不斉肌目のように見てわかる欠点がないかどうか、表面をたしかめよう。木口を見て、その木材が丸太からどう挽き材されたか判断し、くるいがないかどうか確かめる。ねじれや反りがないか、長手方向へまんべんなく目を光らせよう。桟積みしている間に水分が集まったり、桟木にはふさわしくない木材を使用したことで生じる染みがないか確かめよう。こうした染みは除去がむずかしいので桟木の跡を確認すること。さらに、害虫被害の形跡や菌類の発生の跡がないかどうかも探しておこう。

1　表面割れ
通常、放射組織に沿って見られる。
表面が急激に乾燥することによって起こる。

2　木口割れ
こうした割れはよくある欠点で、むきだしの木口が急激に乾燥したことによって生じる。重ねた板の木口には防水製のシーラーを塗れば防げる。

3　内部割れ
これは内部が乾燥する前に板の外部がさきに乾燥して固定された場合に起こる。内部は外部より収縮するので、内部の繊維が裂けてしまうためだ。

4　裂け
木材の構造が裂けるのは、生長過程できずができたか、収縮による応力が原因だ。目廻りは年輪同士のあいだが裂けるものだ。

5　弓ぞり、そり
これは板の積み方が不適切なときに起こる。乾燥が不十分だと木目が荒れたり応力が生じる。あて材も、切削や乾燥の段階でねじれたりしがちである。

6　死に節、抜け節
枯れた枝の根本が新たな年輪にかこまれたまま残ったもの。節をかこむ木材は木目が不規則になり、加工しづらい。

7　入り皮
木材の見た目を損ない、構造を弱めてしまうことがある。

木材の特性

多くの木工作品で、加工する材料を選ぶ際は木目、色、肌目がもっとも重要視されている。どんな要素も等しく重要ではあるが、強度や用途は二の次になることが多い。さらに単板をもちいる際は見た目がすべてである。

木材加工は発見と学習の連続だ。どの木材も世界に1つしかなく、同じ木、同じ板からとった木材でさえ異なっていて、木工作業者の技術が要求される。木材を加工し、その働きを身をもって経験して初めて、木材の特性をじゅうぶんに理解することができる。

木目

木材の細胞構造の集まりが、木材の軸を中心に木目を構成している。縦方向の細胞の配列と方向がさまざまに異なる木目を生みだす。

まっすぐに生長した木は同じように通直木理の木材となる。細胞が軸方向からずれると、交走木理の木材となる。旋回木理は木の生長過程でねじれが生じてできたもの。こうしてねじれた生長がある角度から別の角度へと変化すると、いずれの変化も年輪に影響をおよぼして、その結果、交錯杢理となる。波状杢は短い波のように不規則に湾曲した木目で、うねる細胞構造をもつ木に生じる。荒れ木目は木材全体で細胞が方向を変えたもの。こうした不規則な木目の木材は扱いづらい可能性が高い。

規則性がない波状杢は、表面に対する角度や細胞構造の明るい色味によって木材にさまざまな模様を作りだす。こうした形状をもつ板はとくに単板では価値がある。

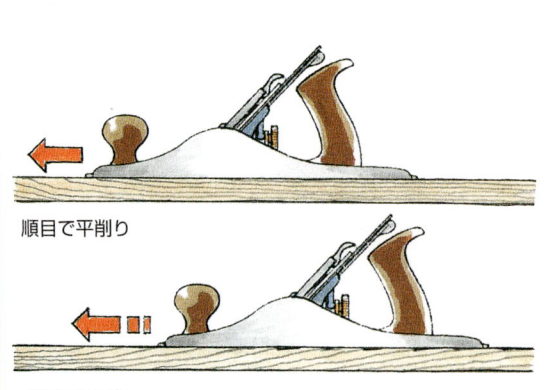

順目で平削り

逆目で平削り

加工方法との関係

"順目で"平削りするとは、削る方向と繊維が平行、あるいは勾配がのぼる方向へ切削することだ。こうすると滑らかで問題が生じることもなくかんなをかけることができる。"逆目で"平削りするとは、削る方向へ繊維の勾配が下っていく方向へ切削することを言う。こうすると粗い面ができる。繊維方向にのこを挽く（縦挽き）とは、木材の軸方向に沿って鋸挽きすることで、縦方向の繊維に沿うという意味だ。繊維を切断してのこを挽く（横挽き）、あるいはかんなをかけるとは、木目に対してほぼ垂直となる切削を指している。

杢

"木目"という用語は木材の見た目を表現するためにも使われる。しかしながら、本来指しているのは自然の特徴のくみ合わせで、総称が杢として知られるものだ。ここで言う特徴には、早材と晩材での生長のちがい、色の広がり方、密度、年輪の同心性、あるいは偏心性、病害やきずの影響、木材がどのように製材されたかが含まれる。

杢を利用する

木を接線方向挽きにした板目挽きの板にはU字型の模様が現れる。幹を半径方向切削に、つまり柾目挽きでカットすると、平行線の連なりはあまり目立った模様にならないのが普通だ。

幹と枝の交わる部分はクロッチ杢となり、単板用に人気がある。根こぶは木に傷がついて異常生長したもので、単板に使用される。ろくろ細工にはよく知られた木材で、根元部分や根から作った根株材の規則性のない木目が特徴だ。

肌目、木理

肌目とは木材の細胞の相対的な大きさで表現されるものだ。細かな肌目の木材は小さく詰まった細胞をもち、一方、粗い肌目の木材は比較的大きな細胞をもっている。肌目はまた、年輪と関連した細胞の配置を指すこともある。早材と晩材のちがいが顕著な木材では、不均等な肌目が生まれ、年輪があまりはっきりしていない木材だけが均等な肌目となる。

オークやアッシュといった粗い肌目の木材は、生長の遅い時期には細かな細胞をもつ傾向があり、生長の早い時期に比べると軽く柔らかくなる傾向もある。早生樹は通常、比較的はっきりした木目で、より硬くより強く、重たくなる。

肌目の影響

早材と晩材の肌目の差は、木工作業者にとって大切だ。より軽い早材のほうが、密度の高い晩材より切削がらくである。切削工具の刃をつねに鋭く保っていれば、問題は最小限に押さえられるだろう。もっとも、晩材も電動サンダーで仕上げをしてやれば、早材にと同様にとりあつかわれる。肌目の均等な年輪をもつ木材は、概して加工も仕上げももっとも容易となる。

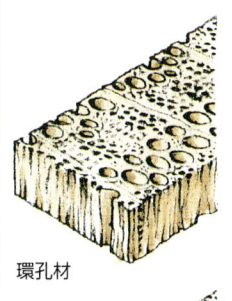

広葉樹材の多孔性

広葉樹材の細胞配置は木材の肌目に著しい影響をもつことがある。オークやアッシュのように"環孔材"である広葉樹材は、早材にはっきりとした大きな道管があり、晩材には密度の高い繊維と細胞組織をもつ。こうした木材は、ブナのように道管と繊維が比較的等しく並んでいる"散孔材"に比べると、仕上げがむずかしくなる。マホガニーのような木材は散孔材になるが、細胞が大きめであるため肌目は粗くなることが多い。

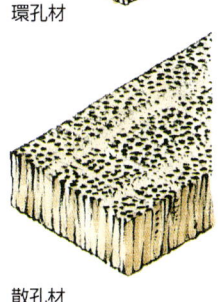

環孔材

散孔材

耐久性

耐久性とは、木材を土と接触させている地際の品質で評価される。腐朽しやすい木材は5年もたず、とても耐久力のあるものは25年以上もつ。同じ種類の木材でも、さらされている程度や天候条件によって耐久性は異なることがある。

植物学的分類

学名は、木材の種類を正確に確定できるただ1つの世界共通の名だ。販売店のカタログや、本書でも使用しているように参考文献には、"sp."や"spp."といった文字が広く使用されており、これはその木材は属、または"科"でいくつも種類がある中の1つであることを示している。

肌目と模様
（左列上から下へ、次に右列上から下へ）
柾目（シトカスプルース）、波状木目（フィドルバックシカモア）、
U字型模様（ブラックウッド）、根こぶ（エルム）、
細かな肌目（ライム）、旋回木理（サテンウッド）、
荒れ木目（イエローバーチ）、クロッチ杢（ウォルナット）、
根元部分材（アッシュ）、粗い肌目（スイートチェストナット）

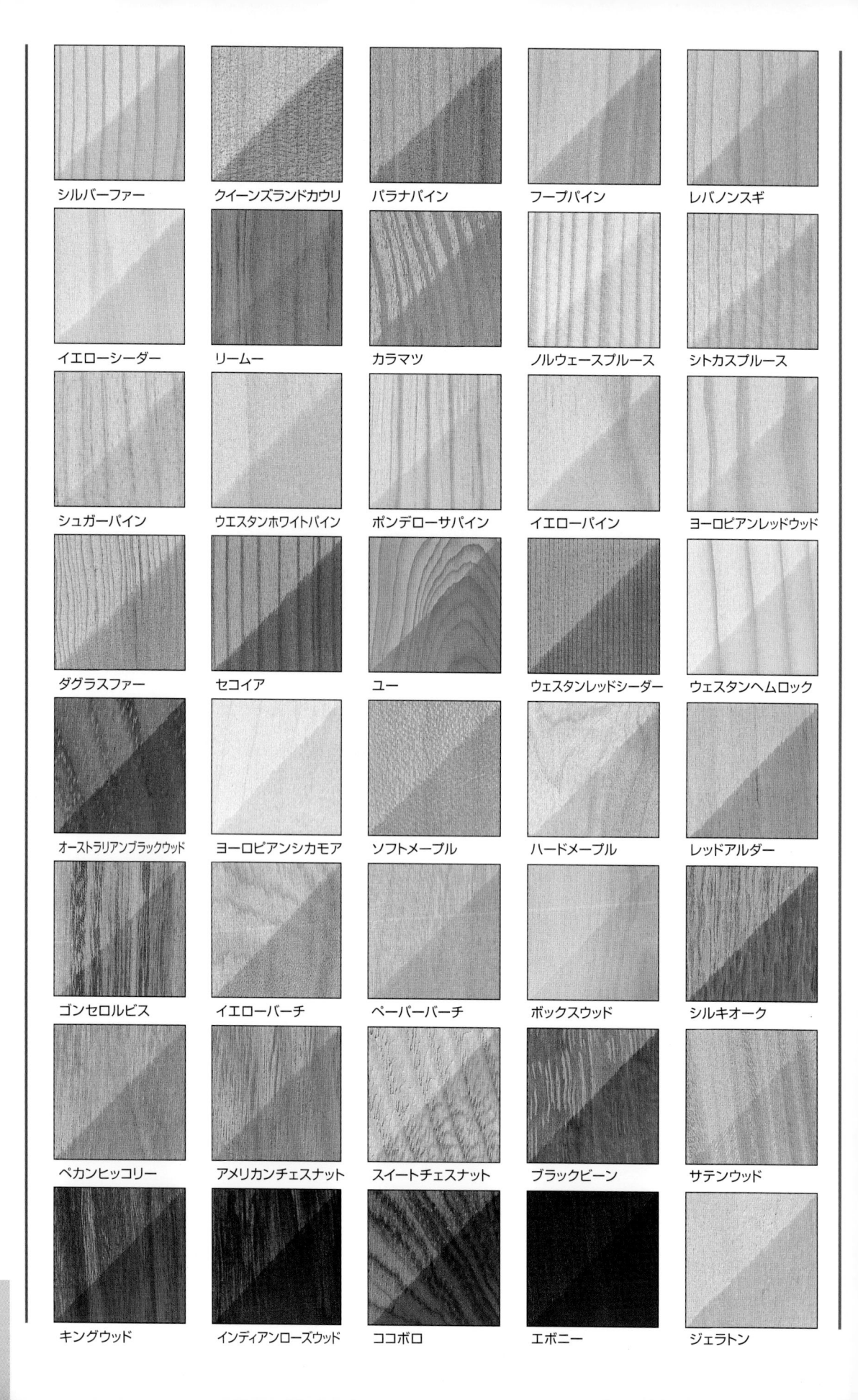

シルバーファー	クイーンズランドカウリ	パラナパイン	フープパイン	レバノンスギ
イエローシーダー	リームー	カラマツ	ノルウェースプルース	シトカスプルース
シュガーパイン	ウエスタンホワイトパイン	ポンデローサパイン	イエローパイン	ヨーロピアンレッドウッド
ダグラスファー	セコイア	ユー	ウェスタンレッドシーダー	ウェスタンヘムロック
オーストラリアンブラックウッド	ヨーロピアンシカモア	ソフトメープル	ハードメープル	レッドアルダー
ゴンセロルビス	イエローバーチ	ペーパーバーチ	ボックスウッド	シルキオーク
ペカンヒッコリー	アメリカンチェスナット	スイートチェスナット	ブラックビーン	サテンウッド
キングウッド	インディアンローズウッド	ココボロ	エボニー	ジェラトン

木材の色

杢や木理にさまざまな種類があるように、色にもさまざまな種類があるのが木材の性質である。調製され仕上げが施されても、木材は環境に反応し続ける。"動く"だけでなく、色もそのうちに種によって薄くなったり濃くなったりする。こうした過程を経た結果を古艶という。

色の変化

もっとも劇的に色が変わるのは、仕上げを施したときである。透明な仕上げ材を塗布しても、自然の色よりは少し濃くなる。ここに示した針葉樹材や広葉樹材は実寸のサンプルで、透明な表面仕上げを施す前と後の木材を表している。

クイーンズランドウォルナット	ユティール	ジャラ	アメリカンビーチ
ヨーロピアンビーチ	アメリカンホワイトアッシュ	ヨーロピアンアッシュ	ラミン
リグナムバイタ	ブビンガ	ブラジルウッド	バターナット
アメリカンウォールナット	ヨーロピアンウォールナット	イエローポプラ	バルサ
パープルハート	アフロルモシア	ヨーロピアンプレーン	アメリカンシカモア
アメリカンチェリー	アフリカンパダック	アメリカンホワイトオーク	ジャパニーズオーク
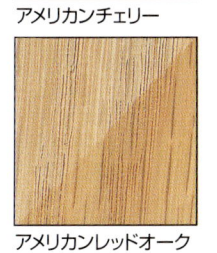 アメリカンレッドオーク	 レッドラワン	ブラジリアンマホガニー	 チーク	 ヨーロピアンオーク
ライム	 オベシェ	 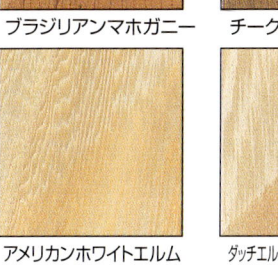 アメリカンホワイトエルム	 ダッチエルム／イングリッシュエルム	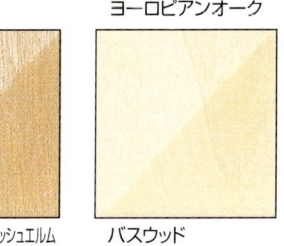 バスウッド

木材の万能性

　木材の用途には際限がないように思える。私たちの日常生活にあまりにもなじんでいるために、あって当然のように感じることも多く、価値を認識することはめったにない。木材の多様性は数々の特性とあいまって、木工作業者に幅広い選択肢を約束している。しかしながら、木材の驚異はその便利さや種類の豊富さにあるのではない。ごく単純な工具さえあれば作業できる点こそが、あらゆる素材の中でもっとも使用される地位に木材を押しあげてきたのだ。

　刃のある道具を発明したときから、人類は木材の形を変えることができるようになり、環境を向上させてきた。あらゆる文化史に目を転じさえすれば、木製の美術品や構造物の数々が目にできる。合成素材の開発、機械化の進歩、木製品の工業化においてさえ、この素材はもっとも望ましい天然素材から作った製品に対する決して尽きることのない要求に応えるため、伝統的な方法によって加工されてきた。

蓋つきの壺
菌に蝕まれたために生じる斑入りの木材は、信じがたいほど芸術性の高い模様のおかげで挽物作業者から高く評価されている。写真の例では、黒い"帯線"と木材を貫くようなまだらの色合いが世界に1つしかない不規則なデザインを生みだし、挽物作業者たちに讃美されている。

船のフレーム
オークは伝統的な建物建築と造船にむかしから使用されてきた。この巨大なカーブを描いたオークのフレームは、探検家ジョン・カボットの船"マタイ号"のレプリカを造るためのキールに合わせてある。オリジナルの船は1497年に大西洋を横断した。

"アザラシのテーブル"

"偶然見つかった"ヨーロピアンシカモアの丸太。その天然の色と肌目が写真の愉快なアザラシの彫刻に変身した。この木材はまた水面を表している透明なガラステーブルの土台にもなっている。

ウィンザーチェア

むかしから施削された脚、蒸気で曲げた背枠、くぼみをつけた固い座面で製作されてきた伝統的なウィンザーチェアは、椅子製作者の芸術の典型的な例である。地域別にさまざまなスタイルがあり、アッシュ、エルム、ユー、ビーチ、バーチ、メープル、ポプラといったその土地で採れる木材を使用したこの椅子は、オリジナルあるいは複製品として、世界中の家庭で見ることができる。

瘤のボウル

瘤の部分は挽物作業者に好まれる材料だ。この目典型的な例では、自然の曲線とニレの瘤の肌目が、施削させながらトーチで燃やした部分によって強調されている。丸く刻まれた溝や、なめらかな内部の表面が肌目のコントラストを生んでいる。

シェーカーボックス

シンプルなデザイン、上質の職人技であるアメリカのシェーカー様式の特徴は、この伝統的な手作りの楕円のボックスにはっきりと現れている。薄く切断したチェリー材を蒸し、成型ジグにあてて曲長くのばされた"指"の部分に鋼の鋲がつけられ、蓋や本体にピン留めされる。

合板

合板は構造用単板、プライあるいはラミナと呼ばれる木材を薄く切ったシートを重ねたものだ。それぞれの単板を90度の角度に交差させて糊づけしていき、強くて安定した板にしたものだ。この層には、表と裏の板がかならず同じ方向に走る木目となるよう、奇数枚数が使われている。

合板の製造

広葉樹材と針葉樹材ともに、幅広い種類の木が合板の製造に使用されている。単板はスライス切削（突き板切削）かロータリー切削でカットされる。広葉樹材にはロータリー切削の使用が一般的だ。

剥皮された丸太は、厚さ1.5～6mmで連続した単板のシートに姿を変える。シートは一定の寸法にカットされ、それから選別して管理された状態で乾燥させてから、表板品質、芯板などの等級がつけられる。きずのある単板は穴をふさぎ、狭い芯板ははぎ合わせるか、あるいは部分的に貼りあわせてから重ねていく。

調整されたシートは糊づけして、必要な合板のタイプと厚さに応じた枚数をサンドイッチ状に重ねていき、ホットプレスする。それから端を切り揃えて、通常は両面を充分な精度をもつまで研削する。

合板製造用のペーパーバーチ

規定寸法

合板はさまざまな寸法で流通している。市販品でもっとも一般的な合板は約3mm間隔で厚さ3mm～30mmだ。それより薄い"エアクラフト"合板は特殊な業者が取り扱っている。

典型的な板は幅1.22m。幅1.52mのものも、同じように広く使われている。もっとも一般的な長さは2.44mで、長さ3.66mまでの板も容易に手に入る。

表板の木目はたいてい長手方向に沿っている（かならずというわけではない）。木目は製造者が寸法の最初に表示している方向と平行だから、たとえば1.22×2.44m板と書かれていたら、木目は短軸方向に走っている。

合板の構造

むく材はどちらかと言えば安定していない材料で、板は繊維に沿った方向より、直交する方向へより収縮し、膨潤する。木のどの部分からカットしたものかによって、くるいの危険も高い確率で存在する。木材の引張強さは繊維方向で最大になるが、同時に繊維に沿って簡単に割れることもある。

こうした木材が生来もっている動きに対抗するため、合板は繊維あるいは木目をたがいに直角に重ねていくことで裂けやすい方向をなくし、安定性があり変形しにくい板となる。パネルは通常、その面の木目と水平方向にもっとも強度がある。

単板

ほとんどの合板は単板を3枚以上の奇数重ねて、バランスのとれた構造を作りだしている。枚数は単板の厚さと必要な板の厚さに応じて異なる。多くの層が使われるが、構造は中心の板を基準にして左右対称、あるいはパネルの厚みの中心線を基準に対称でなければならない。

合板の表面になった単板を、表板と言う。その板の質がもう片方の面よりよい場合は、よいほうの板を表板と呼び、もう片方を裏板と呼ぶ。表板は通常、等級を表すコードで特定される（次のページを参照）。

表板のすぐ下の単板はそえ芯板と呼ばれ、中心の単板は芯板と呼ばれる。

合板の使用

合板の性能は単板の質だけでなく、製造に使われる接着剤の種類でも決まってくる。大手の製造業者は品質向上のため、さかんに製品のテストを繰りかえしている。外装使用できるタイプの接着剤は木材そのものより強く、ユリアホルムアルデヒド接着剤を使用したパネルは、ホルムアルデヒド放出基準を満たしたものでなければならない。合板は用途によってさまざまに分類されている。

内装用合板（INT）

この合板は内装の構造用合板以外の用途に使われる。一般的に、目視等級の表板品質のものをを表板に、裏板には劣る質のものを使う。明るい色のユリア樹脂接着剤を使って製造される。ほとんどは家具や壁材など乾いた状態での使用に適している。改良された接着剤を使った板もあり、そうした板は多少の湿気にも耐え、湿度の高い場所で使用できるようになっている。INT等級の合板は外装使用には適していない。

外装用合板（EXT）

接着剤の質によって、外装用合板は、構造的な性能が必要とされない場所ならば、完全に、あるいはある程度戸外にさらした状態でも使用できる。キッチンや浴室のシャワーまわりに使用されることも多い。

完全にさらされた状態での使用に適した板は、暗色のフェノール樹脂接着剤が使われている。このタイプならば特類合板（WBP）となる。WBPの接着剤は規定の試験基準を満たしたもので、天候、微生物、冷水、熱湯、蒸気、乾燥、熱に長期間の高い耐久性が証明されている。外装等級の合板には、メラミン樹脂接着剤を使って製造することもある。こちらは戸外にさらした状態にある程度の耐久性をもつ。

マリン合板

マリン合板は高品質の構造合板で、マホガニータイプの木材に限って選んだ単板で製造されている。"隙間"は一切なく、耐久性のあるフェノール樹脂接着剤を使用。おもに船舶に使用され、水分や蒸気のある場所では内装用にも使用される。

目視等級

合板の製造業者は、板に使用されている表板の外観の質について、等級のコードを使用している。文字は構造的な性能を表しているのではない。針葉樹材の板に使われている一般的なシステムはA、B、C、Cマイナス、そしてDの文字を使った方法だ。

A級は最高品質でならめらかな切断面、外観の欠点は存在しない。D級は最低品質で、節、穴、裂け、変色が許容範囲内で最大に存在している。AA等級の合板は両面とも質がよく、一方BCの等級は外側の単板の質が劣っており、よりよいB等級の面を表板に、C等級の面を裏に使用する。

化粧合板は選別された柄の合った単板が使用され、表板となる木材の樹種の名がついている。

1　商標
等級をつけた団体。ここではアメリカ合板協会（APA）。

2　パネルの等級
表板と裏板に使った単板の等級を記している。

3　製造工場番号
製造工場のコード番号。

4　樹種の分類番号
"Group 1"はもっとも強い品種。

5　耐候性分類
接着剤の耐久性を示している。

6　製品基準番号
この板がアメリカの製品基準に合格していることを示している。

裏板に押されたスタンプ

パネル側面に押されたスタンプ　1　3　6

A-B・G-1・EXT-APA・000・PS1-83

2　4　5

典型的な等級スタンプ

片面だけがA等級かB等級の合板には、通常裏板にスタンプが押される。両面がA等級かB等級の合板には、通常パネルの側面にスタンプが押される。

強度保証合板

強度保証合板は、強度と耐久性が第一条件となる用途むけに製産される。接着剤はフェノール樹脂。目視等級が低級の表板が使われ、板は研削されていないことが多い。

ブロックボードと
ラミンボード

　ブロックボードは合板の1種で、積層構造となっている。従来の合板と異なる点は、木口をほぼ正方形にカットした針葉樹材のラミナを並べて芯を形づくっていることだ。これは突きつけはぎだが、接着はしていない。この芯材には1層あるいは2層の単板で両面につける。

　ラミンボードはブロックボードと似ているが、芯材がどれも厚さ約5mmという針葉樹材の細いラミナでできており、この芯材は通常、接着されている。ブロックボード同様、ラミンボードは3層あるいは5層の構造になっている。より質のよい接着剤を使っており、ブロックボードに比べてラミンボードは、より密度が高く、そして重くなっている。

ラミンボード
芯材がなめらかであるので単板を貼る加工はブロックボードよりも適している。さらに高価でもある。3層あるいは5層の合板構造で製作される。5層の場合、外側の層となるそれぞれの2枚の単板は芯材とは、木目を直角に貼る。あるいは、表板だけを芯材と木目が同じむきに貼ることもある。

ブロックボード
この強固な材料は家具の用途に適している。とくに棚や枠材にはよい。芯材の平滑さはラミンボードに劣るが単板を貼る加工に問題はない。寸法は合板と同様で、厚さは12mm〜25mm、3層構造のものは厚さ44mmまでとなっている。

ラミンボード　　ブロックボード

ファイバーボード

ファイバーボードは木材を繊維に砕き、再度固めて安定し均質な材料に作り替えたものだ。さまざまな密度の板が、かけられた圧力や使用された接着剤に応じて生産されている。

上から下へ
オーク単板貼りのMDF、
中質繊維板（MDF）、
軟質繊維板（LM）、
硬質繊維板（HM）

上から下へ
有孔ハードボード、化粧
ハードボード、エンボスハードボード、
テンパードハードボード、
標準密度ハードボード

ボードの保管

スペース節約のために、木質ボードは立てて保管しよう。ラックがあれば、端が床につくことなく、均等にわずかな角度に傾けて支えられる。薄いボードが曲がらないように、より厚い板の下にすること。

ファイバーボードの等級

ほとんどのボードは濡れた繊維をマット状に形成し、通常は樹脂で固め、密度をいくつかに変えて製造されてものだ。

中質繊維板（MDF）

乾燥させた状態で圧締をくわえ、合成樹脂で繊維を固め、より強度が生まれるように製造されたもの。MDFは両面がなめらかで、均一な構造をしている。細かな肌目だ。木材と同じように扱うことができ、家具製作のように一部の用途ではむく材の代替品として使える。表板も端面も電動工具を使って作業できるが、端面にはねじ類がうまく取りつけられず、割れてしまう性質がある。湿ると膨潤する。耐水性のMDFが湿度の多い所用に生産されている。MDFは厚さ6〜32mm、幅はさまざまなタイプが作られている。単板の下地材に抜群によく、ペンキでもきれいに仕上げられる。

軟質繊維板（LM）

比較的柔らかいボードで、通常厚さ6〜12mm、ピンボードや壁材に使われる。

硬質繊維板（HM）

LMボードより重く硬い。内装パネルに使われる。

ハードボード

ハードボードはLMやHMボードと同様の方法で製造されるファイバーボードだが、さらに高圧高温で作られている。

標準密度ハードボード

なめらかで均一な肌目。さまざまな厚さがあるが、一般的なものは3〜6mmでパネルに合わせた寸法が豊富にある。高価な素材ではなく、通常は抽斗の底材やキャビネットの裏板に使われる。

両面ハードボード

普通のハードボードと同様であるが両面が平滑に仕上げられている。フレームドアやキャビネットのパネルといった、両面が見える可能性のある場所に使われる。

化粧ハードボード

有孔、成型、塗装ハードボードなども市販されている。穴あきタイプは仕切に使われ、他は壁材に使われることがほどんどだ。

テンパードボード

普通のハードボードにさらに樹脂と油分を使い、より強い素材にしたもの。耐水性、耐摩耗性がある。

パーティクルボード

パーティクルボードは小さなチップやフレークを接着剤でを用い、圧締して作られたものだ。通常は針葉樹材を使うが、広葉樹材を使うこともある。さまざまなタイプの板がパーティクルの形、寸法に応じて生産され、板の厚さ、使用した接着剤の種類別に流通している。

単層パーティクルボード
一様で、均等にならしたパーティクルで製造されている。このパーティクルボードは比較的粗い表面をしており、単板シートを貼れるが、ペンキ塗りには適さない。

パーティクルボードの製造

パーティクルボードの製造は、高度にオートメーション化されている。チッパーによって、木材は必要な寸法のパーティクルへと形を変えられる。乾燥後、パーティクルは接着剤が散布され、繊維が同じ方向になるよう必要に応じた厚さに広げられる。この"マット"が高圧によって必要な厚さになるようホットプレスされ、養生に入る。冷えたボードは寸法切りされ、研削される。

特性を活かす

パーティクルボードは安定性があり、均一な板だ。細かなパーティクルで製造した板はむろのない表面となるので、家庭での単板貼りの下地材に最適となる。化粧合板、単板を貼った木材、紙やプラスチックのシートなども利用出来る。ほとんどのパーティクルボードは合板と比べるともろく、引っ張り強度もさほど強くない。

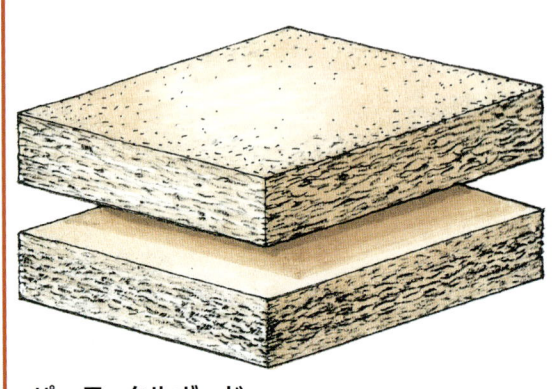

3層パーティクルボード
このボードは粗いパーティクルの芯を、2層の細かな高密度のパーティクルではさんだものだ。外側の層は樹脂の割合が高く、ほとんどの仕上げに適したなめらかな表面を作りだしている。

パーティクルボード

木工作業者がもっとも多く使用しているパーティクルボードは、内装用ファイバーボードだ。これは一般的に、チップボードとして知られている。他の木製品と同じく、内装用ファイバーボードは湿気に対しては弱い。厚みが膨潤し、乾いても元の形状にもどらないのだ。フローリングや水分の接する状態に適した湿気に強いタイプも市販されており、建築業界でよくに使用されている。

密度傾斜パーティクルボード

このパーティクルボードは粗いパーティクルとたいへん細かいパーティクルを混ぜたものだ。3層パーティクルボードとは異なり、徐々に粗い内部から細かな表面へと変化している。

化粧パーティクルボード

この板は上質の単板、プラスチックや、薄いメラミンシートを貼ったものだ。単板は研削されており、シート類は十分平滑である。天板用のプラスチック積層材には、端面が成型されているものもあり板合せした単板が、メラミンや単板の表板用に使われる。

配向性ストランドボード（OSB）

3層の板で、針葉樹材の長いストランドを使っている。各層のストランドは一方向に配向され、合板と同じく、各層は隣の層と木目が垂直になるように重ねてある。

フレークボード（削片板）、ウェファーボード

このタイプは木材を大きく削ったものを使い、これを水平に置いて重ねていったものだ。フレークボードは一般的なパーティクルボードよりも張っぱり強度に優れている。実用目的に製造される板だが、透明なニスで仕上げをすれば、壁板にも使える。ステイン仕上げも可能な板だ。

木質ボードを加工する

　木質ボードは手動工具や機械を使用して比較的カットしやすいが、ボードに含まれる樹脂のために刃先がすぐににぶくなってしまう。炭化タングステン（TGT）で付け歯された丸のこやルーターなら通常の金属の刃先よりも、長持ちするだろう。

　木質ボードはその寸法、重さ、柔軟性のために扱いづらいこともある。ボードをさらに小さな寸法に切り分ける場合、適切な作業台と余裕のあるスペースが必要となる。さらに、できれば手を貸してくれる人がいたほうがいいだろう。

機械で切る

　切れ味のよい高速の電動工具で木質ボードを切断すれば最適なカットが期待できるが、切断中に刃先がすぐに鈍くなってしまう。炭化タングステン付け歯ののこなら、大量の板が切れるだろう。手で支える電動のこを使う際は表板を下にし、丸のこ盤を使う際は、表板を上にむける。

ボードを支える

　ボードは作業台に載せ、切断線近くを支えること。頑丈なボードは架台に載せた厚板で支えるとよい。大型のボードは楽な姿勢でカットできるようその上に乗る。うまくいかないときは、切断した部分を手伝いの人に押さえてもらう。1人で作業するときは、厚板のあいだをのこで切るか、切断部分を押さえる手段を確保して、切断が終了する前に折れてしまわないようにすること。

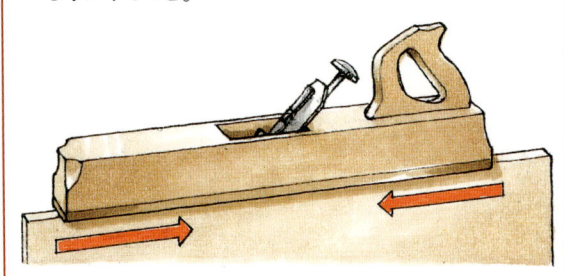

端面にかんなをかける

　端面はむく材と同様にかんながけをするが、どの端面も、両端から中央にむかってかんなをかけ、木口では芯材や表板の単板の割れを防ぐようにする。かんなの刃は作業の間一定の間隔で研ぐ必要があるだろう。

パーティクルボードねじ

手動工具でカットする

　手動ならば10〜12PPIの（1インチ当たりの歯数）パネルソーを使うこと。テノンソーも小さな部分の切断ならば使用できる。どちらの場合も、のこは比較的浅い角度でもつこと。表面の割れを防ぐために、ファイバーボードや積層材を切断する際は鋭利な歯先のものを使うことだ。

ボードを固定する

　木質ボードの端面にねじをつけると、表面につけた際より強度が落ちる。割れを防ぐために、合板の端面にはパイロットホールを開けること。ねじの直径はボードの厚さの25％を超えないようにする。

　パーティクルボードの場合は、ねじを使えるかどうかはボードの密度に左右される。ほとんどのボードはどちらかと言えば弱い。パーティクルボード専用のねじのほうが、通常の木ねじよりもよい。パイロットホールはかならず両面、あるいは端面に開けること。専門の留め具やインサートを使ってよりしっかりと固定することもできる。

　ブロックボードや積層板は側面ならねじがしっかり留まるだろうが、木口には留まらない。

ねじ留め具

ジョイントを作る

矩形打付け接ぎ

矩形組接ぎを利用して框組や簡単な箱構造を作ることができる。建具用としておおまかにのこで切断した木材を使って、品質の良いキャビネットを作るためにあらかじめ直角にかんなをかけておく。頑丈な打付け接ぎを作るには接着剤だけでは不十分である場合が多いので、仕上げ釘か接着剤を塗った木製ブロックで固定する。

箱組

框組

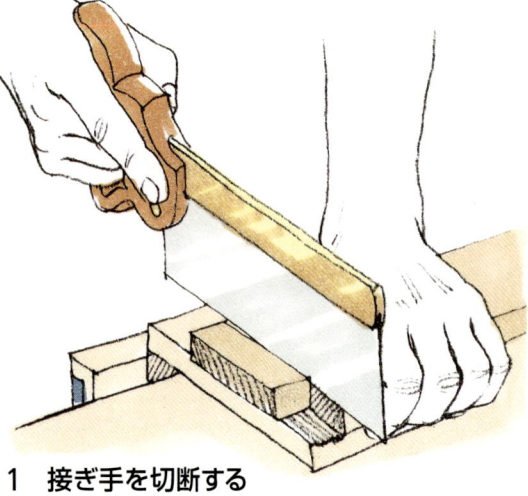

打付け接ぎの補強

接ぎ手をさらに補強するために、下図のように木材に斜めに釘を打ち込む。補強したことが接ぎ手の外側に見えるのが嫌であれば、内側に隅木を接着するとよい。

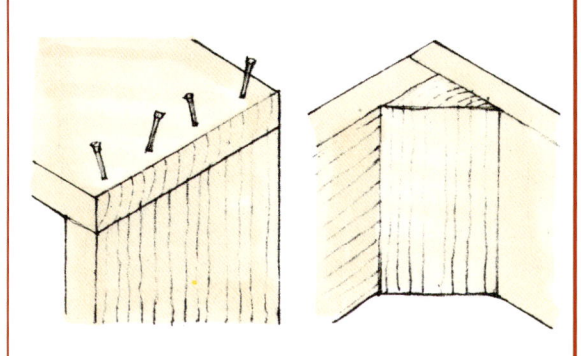

1　接ぎ手を切断する

各木材の全ての面に接ぎ手の胴付きを墨付けるために白書きと直角定規を使って、その寸法を墨付ける。加工木材をあて止めに固定し、各胴付きをのこで切断する。このとき必ず墨線の不要部分側を切るようにする。

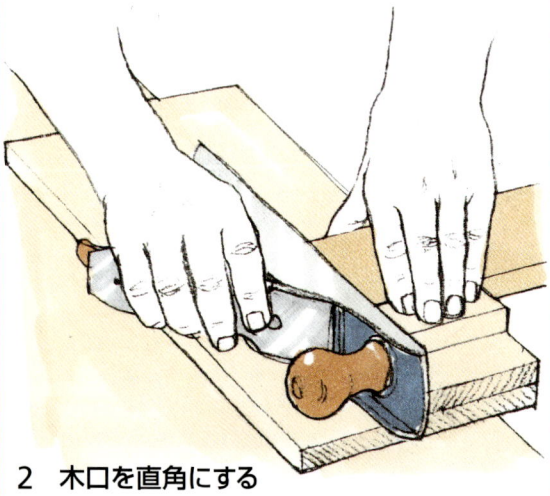

テーブルソーで打付け接ぎを加工する

鋭利なテーブルソーの刃が木口を非常にきれいに切断するので、それ以上の仕上げは必要ない。木材を刃に対して直角に保つように横挽き定規や止め用あて板を利用する。木材が接触防止カバーの真下を通過するように機械を設定する。

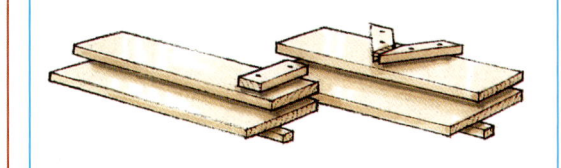

2　木口を直角にする

最も基本的な作業として、突きつけ接ぎを上手に作るためには、平かんなと木口台を使って木口を直角に仕上げる。きれいに切断するためにかんなを据えつけて、木口台の切削面に白いロウソクやワックスを塗って滑りをよくする。

留形打付け接ぎ

　額縁用の伝統的な接ぎ手である留形打付け接ぎは、木口を見せずに正確な直角の角部を作り出す。木材を45度に切断することにより、木口を接線に沿って切断した比較的大きな面ができるのでよく接着できる。軽量の框組であれば、接着剤を塗って接ぎ手を留め用クランプに取りつけるだけでよい。

箱組留め接ぎ

框組留め接ぎ

不正確な切断によって生じた接ぎ手の隙間

木材の収縮によって生じた内側の隙間

正確な留を切断する

　のこぎりを持つ前に、留の角度が正確に45度であることをつねに確認すること。そうでなければ接ぎ手に隙間ができることになる。また、よく乾燥した木材を使用すること。乾燥が不十分であれば、木が収縮すると接ぎ手の内側に隙間ができる。

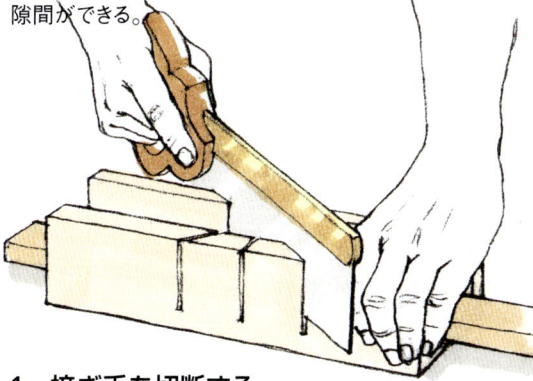

1　接ぎ手を切断する

　白書きと留定規を使って、各木材に接ぎ手の傾斜した胴付きを墨付けする。次に直角定規で隣接する面を横切って墨線を伸ばす。墨線を目視でたどるか、のこ刃を誘導する留め切り台を使って不要部分を取り除く。

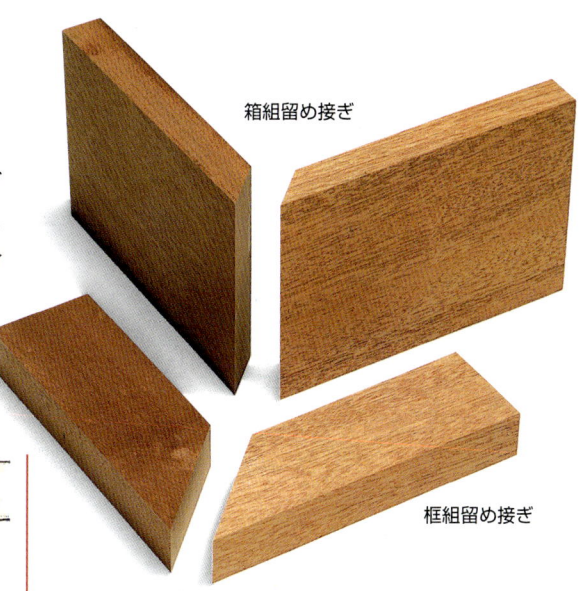

2　接ぎ手を仕上げる

　1の木材を留台の上に固定して、鋭利な平かんなでそれぞれの切り口を削る。

幅の広い板を仕上げる

　留台の上で幅の広い木材を留め形にすることはできないので、作業台に備えつけの万力で垂直に固定し、きちんと調節した小がんなで木口を削る。ひび割れを防ぐために後ろに端材をあてがうとよい。

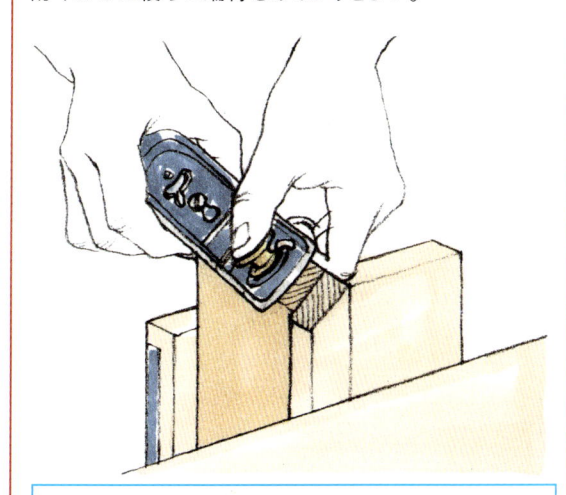

マイターソーを使用する

　より大きな木材や框組の成形部分を切断するにはマイターソーと呼ばれる特別なジグを使うとよい。加工材を機械の台座の端または平面に設置することができる。どのような角度にも設定できるソーガイドによって正確な接ぎ手ができる。

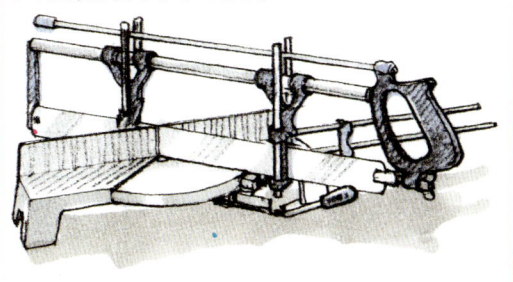

69

平はぎ接ぎ

　一枚板から広いパネルを作るときに、木材の選定は仕上がりの良さと同じぐらい重要である。パネルが平面を保っていることを確認するためには、柾目の木材を使うようにすること。つまり、2枚の板の木表に対して直角に走る木口年輪を利用するのである。それができなければ、年輪の方向が片方の板から隣の板へ交互になるように調整する。また、板の表面の木目がすべて同じ方向に走っていることを確認するようにすると、最後に板をかんなで仕上げやすくなる。作業を始める前に、それぞれの板に番号をつけて見付け面に印をつけておくこと。

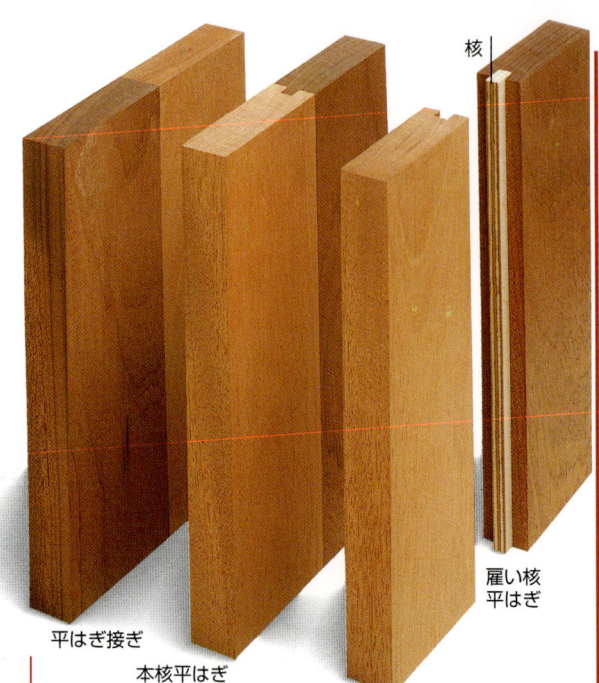

核

平はぎ接ぎ

本核平はぎ

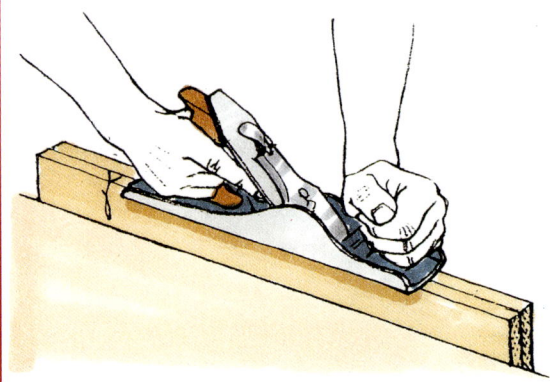

雇い核平はぎ

かんなで木端を直角にする

　木表を外側にして、両方の板の木裏を合わせて万力で水平に固定する。1番長い平かんな、好ましくは長台かんなを使って、木端を水平かつ直角にする。

木端を合わせる

　木端をできるだけ直角に保つことは熟練の技である。しかし、もしも2枚の板を1組としてかんなをかけたのであれば、たとえ木端が正確に直角でなくても、2枚はぴったりと合って水平な表面を作り出す。

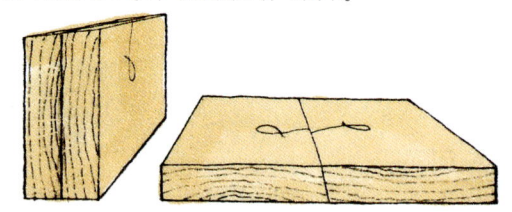

水平かどうかを確かめる

　きわはぎを使おうとする場合は、木端が水平であることが重要となる。金属製の直定規を使って調べておく。2枚の板をクランプで固定するときは、ごく小さなくぼみが1つぐらいは許される。

接ぎ手をクランプで締める

　接着剤を塗る前に、準備した板を窓枠用クランプに取りつけて接ぎ手がぴったりと合うかどうかを調べる。圧力によってパネルが曲がろうとする性質に対抗するために、少なくとも3本のクランプを図のように交互に使用する。不要な針葉樹材を利用して木端に傷がつかないようにする。手元に道具がすべて揃えば、クランプを取り外して接着し、接ぎ手を再度組み立てる。

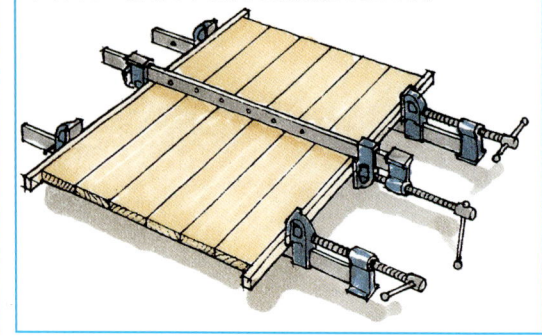

本核平はぎ接ぎ

　手作業で本核平はぎ接ぎを切るにはコンビネーションかんなを使う。この種類のかんなは通常の溝かんなに似ているが、より幅の広い刃がついており、中には加工材の木端に核を形成するように設計されたものもある。まず、核を加工し、次に刃を変えて核に合う溝をかんなで削る。

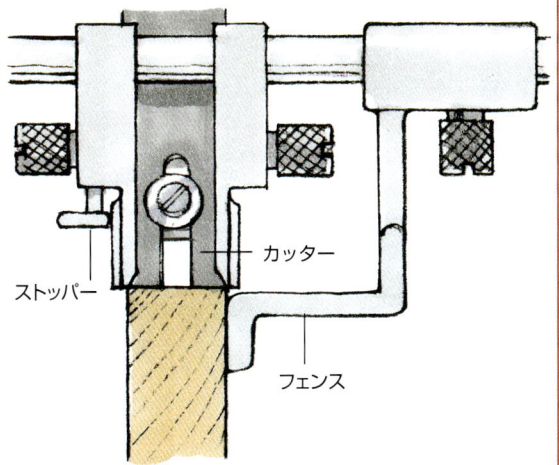

1　カッターを調節する
　見付け面を自分のほうに向けて木材を作業台の万力で固定する。カッターが木材の木端の中央にくるようにフェンスを調節する。見付け面に核はぎ用の溝を切る場合は、核の位置が正確に中央にならなくてもよい。

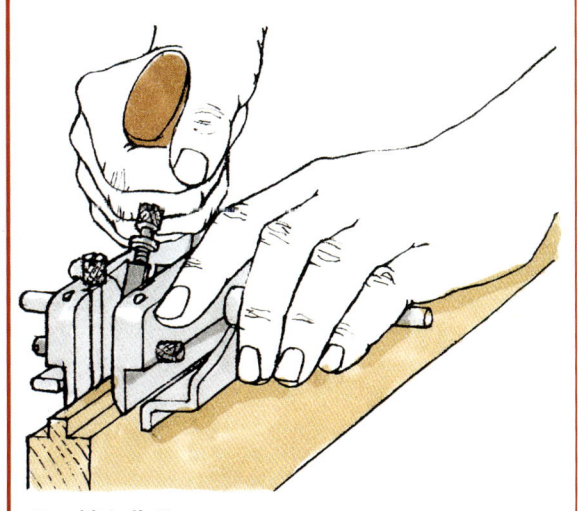

2　核を作る
　必要な大きさの核を作るために、かんなのストッパーを調節する。次に木材の一番端からかんなをかけ始め、後方に進むと徐々に核が形成される。

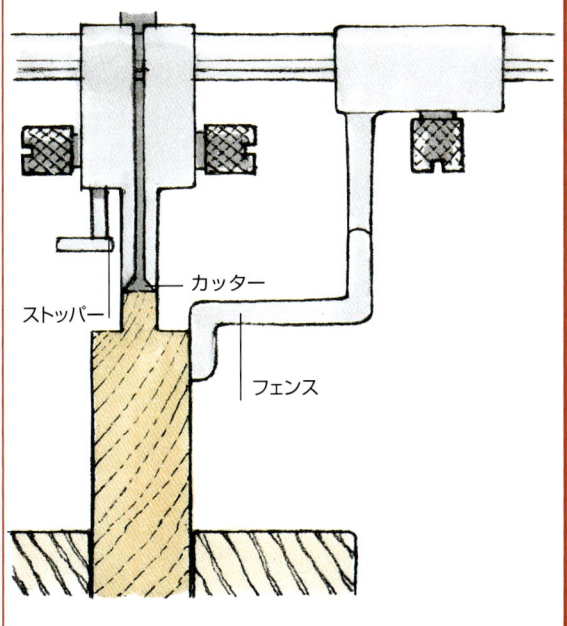

3　溝を切る
　核の幅と合う溝彫り用のカッターを選んでかんなに取りつける。核の頂部にカッターを乗せながらフェンスを調節する。核よりもほんの少し深い溝を切るようにストッパーを設定する。万力でもう片方の板を固定して溝を切る。

雇い核はぎを作る
　独立した核には一体型の核にない利点が3つある。まず板の幅を狭めなくても良い。このため、接ぎ手の強度がわずかながら増す。次に、溝を切る道具として単純な溝かんなが使える。各板の中央に溝を切り、合板または一枚板の木材（理想的には目切れのないもの）で作った別個の核を挿入する。片方の溝に接着剤を塗ってその中に核を軽くたたいて入れ、もう一方の溝に接着剤をはけで塗り、26ページに記載した通りに接ぎ手を組み合わせてクランプで固定する。

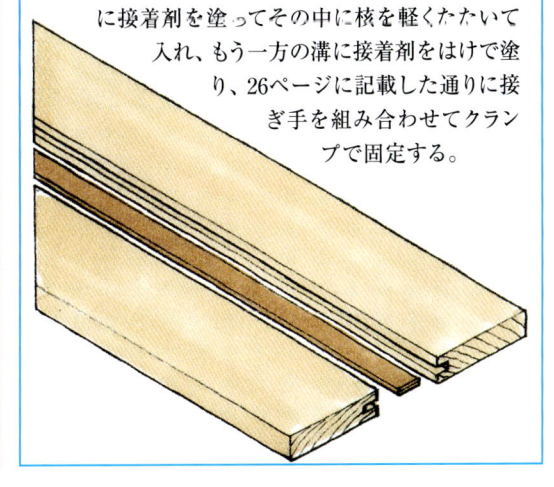

框組用だぼ接ぎ

だぼ付き打付け接ぎで作った框組は驚くほど強い。最近では工場生産された家具にはたいていだぼ接ぎが採用されており、長時間に及ぶ相当な圧力に耐えられなければならない椅子の桟にも使用されている。たいていの場合、接ぎ手1ヵ所につきだぼは2個で十分である。桟の両端から最低6mmの場所にだぼを取りつける。

桟

脚または框

1　部材をその寸法に切断する

矩形打付け接ぎの作成の項に記載の方法で(68ページ参照)、各部材をその寸法に切断して桟の両端を直角に削る。接ぎ手が完成するまで、矩形接ぎの框または脚を長めに残しておく。

2　接ぎ手に墨付けする

2つの部材の接合表面を面一にして万力で固定する。直角定規を使って、両方の部材を横切る各だぼ孔の中心線を引き、次に罫引きで各部材の上に中央線を引く。墨線が交差する場所にだぼ孔を開ける。

3　だぼ孔を開ける

墨線の中心にだぼ用ドリルビットの先端をあてて、順番にそれぞれの孔を開ける。だぼ孔用ジグ(右のページ参照)や作業台用ドリルスタンド(43ページ参照)を使用していないときは、側に人を立たせてドリルビットが垂直であることを確認してもらうとよい。

だぼの種類

既成のだぼはラミン、カバ、ブナ、カエデなどの丈夫な短い繊維の木材から作られている。孔に挿入しやすいように各端部を面取りしてあり、余分な接着剤が外に出るように縦溝がついている。加工材の厚さのおよそ半分のだぼを選ぶこと。だぼの長さはその直径の約5倍とする。

必要なだぼの数が少数の場合は、1本のだぼロッドを切って作るとよい。あて止めにだぼロッドを固定して目の細かいのこで短い木片に切断する。だぼを一つずつやすりで面取りして、のこで接着剤用の溝を1本ずつ切り込む。

72

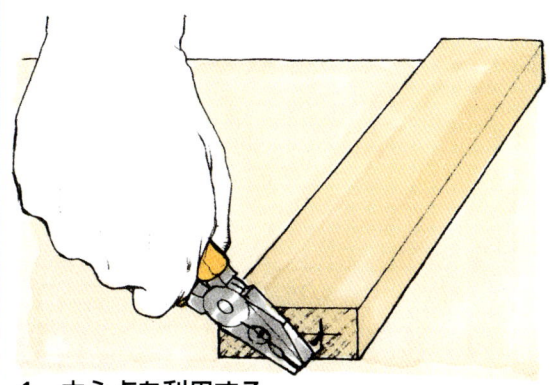

1　中心点を利用する

だぼ接ぎの墨付けをより正確にするには、桟の木口だけに中心点を描き、次に墨線の交差する場所にパネルピンを打ち込む。ピンの頭をプライヤーで切り取り、木口から突き出ている短い"スパイク"をそのまま残しておく。

2　もう一方の部材に墨付けする

脚または框を横向きに置き、桟の木口を押しあてると、後に残った2つのピン孔が正確にだぼ孔の中心を示す。簡単な作りの直角ジグによって2つの部材は正確な位置を保つ。

既成の中心点

パネルピンを使わない方法として、桟の木口にだぼ孔を開けて、市販のダウエルピンをその中に挿入してもう一方の部材の側面に印をつける。

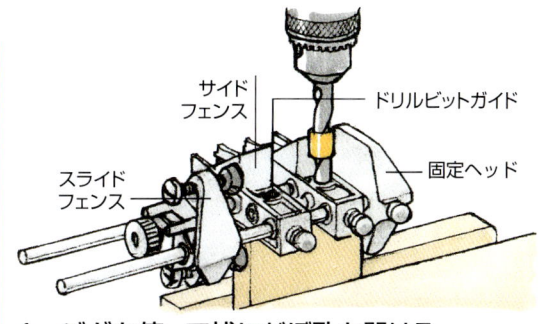

1　ジグを使って桟にだぼ孔を開ける

桟の木口にジグをクランプで固定し、固定ヘッドとサイドフェンスがそれぞれ加工木材の見付け面と見込み面に取りつけられていることを確認する。次にドリルで両方の孔を開ける。

2　框に孔を開ける

すべての桟に孔を開けたら、スライドフェンスを取り外し、その他の設定は変えずに、ジグをひっくり返してG形クランプで框に固定する。框の見込み面にだぼ孔を開ける。

だぼ孔用ジグ

一体型だぼ接ぎを数多く作る予定であれば、だぼ孔用ジグを購入する価値はある。ジグはドリルビットを誘導して完璧に垂直な孔を開けるだけでなく、すべての接ぎ手1つ1つに墨付けする手間を省く。さらに高性能のジグを使えば、桟と框の場合と同様に、キャビネット作業用の幅の広い板に墨線を引くことができる。ここに示すタイプのジグは測定の起点となる固定ヘッドやサイドフェンス、そしてジグを加工材にクランプで固定するスライドフェンスを備えている。調節可能なドリルビットガイドとサイドフェンスがだぼ孔の位置を決める。

だぼはぎ

1枚板で幅の広いパネルを作るときには、225〜300mmごとにだぼを挿入することによって特に強い接ぎ手の板はぎができる。

1　矩組だぼはぎの墨付けをする

2枚の板を背中合わせに万力で固定し、直角定規と鉛筆を使ってだぼの中心線を引く。罫引きでそれぞれの板の中心線を引く。

2　孔を開ける

できれば木材の片側に人を立たせて、墨線の交差する場所にそれぞれ孔を開けるときに、ドリルが垂直になっていることを確かめてもらうとよい。

ストッパーリングを使用する

孔はすべてだぼの長さの半分よりもわずかに深くすること。一定の深さの孔を開けられるように、ドリルビットにプラスチック製ガイドを装着する（右図参照）。ストッパーリングは安価な物であるが、好みに応じて、ドリルビットの周りに接着テープを巻いて適切な深さの目印としてもよい。

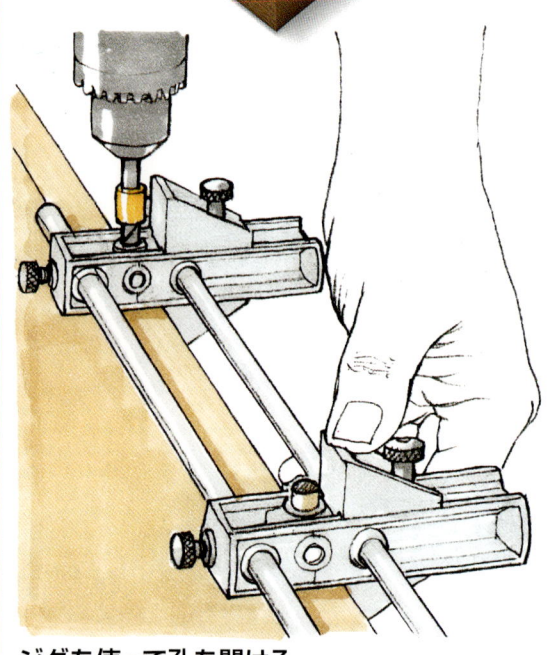

ジグを使って孔を開ける

幅の広い板の木端に孔を開けるときには、だぼ孔用ジグの両方の端部フェンスを取り外す。木材の見付け面にサイドフェンスを固定し、2つの孔を開ける。次の孔を開けるために、その前に開けた孔に押し込んだ短いだぼロッドの上にドリルビットガイドの1つを落とす。

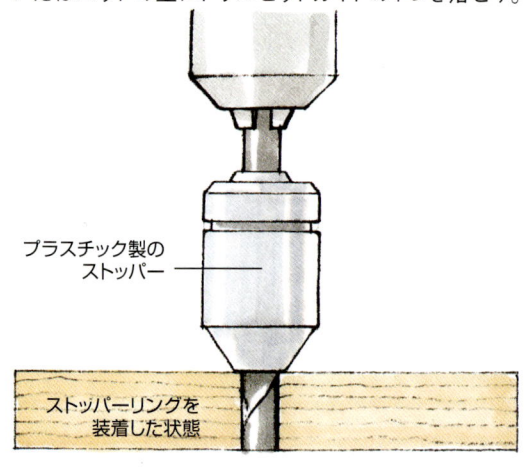

プラスチック製のストッパー

ストッパーリングを装着した状態

カーカス突きつけ接ぎ

複数のだぼで補強したカーカス打付け接ぎを作るには、だぼ孔用ジグに使用する特別長いスライドロッドと追加のドリルビットガイドを購入しておくとよい。

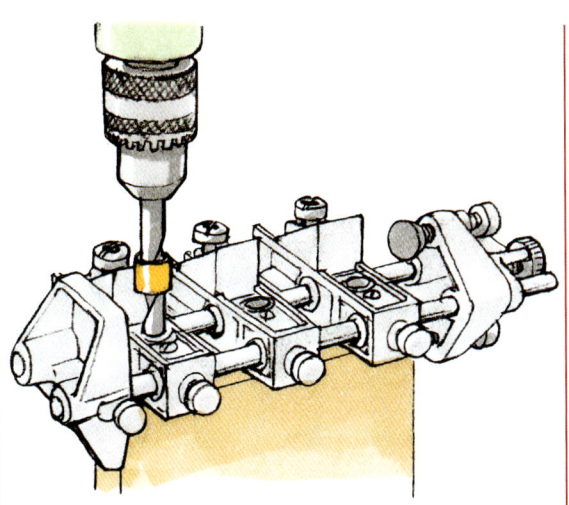

1　コーナージョイントにだぼ孔を開ける

矩形の打付け接ぎを作るために、まず木口にドリルで孔を開ける。だぼ孔の位置が加工材の厚さの中央になるようにジグのサイドフェンスを取りつけて、だぼとだぼの間が50〜75mm間隔になるようにドリルビットガイドを調節する。固定ヘッドを木端にしっかりと固定する。

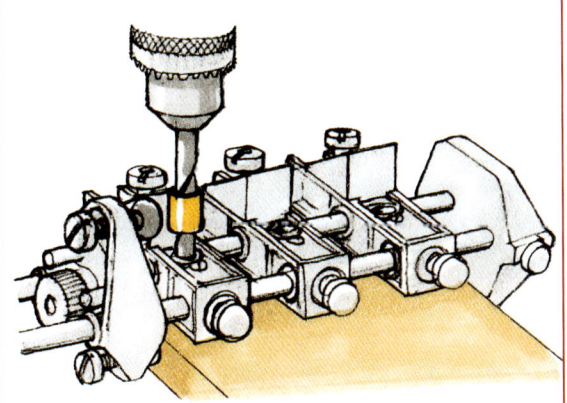

2　1に合うだぼ孔を開ける

設定を変えずに、ジグを逆向きにしてもう一方の部材の内側に固定し、サイドフェンスを木口に、固定ヘッドを木端に取りつける。ドリルビットにストッパーリングを取りつけて(左のページ参照)、ドリルが木材を貫通しないようにする。

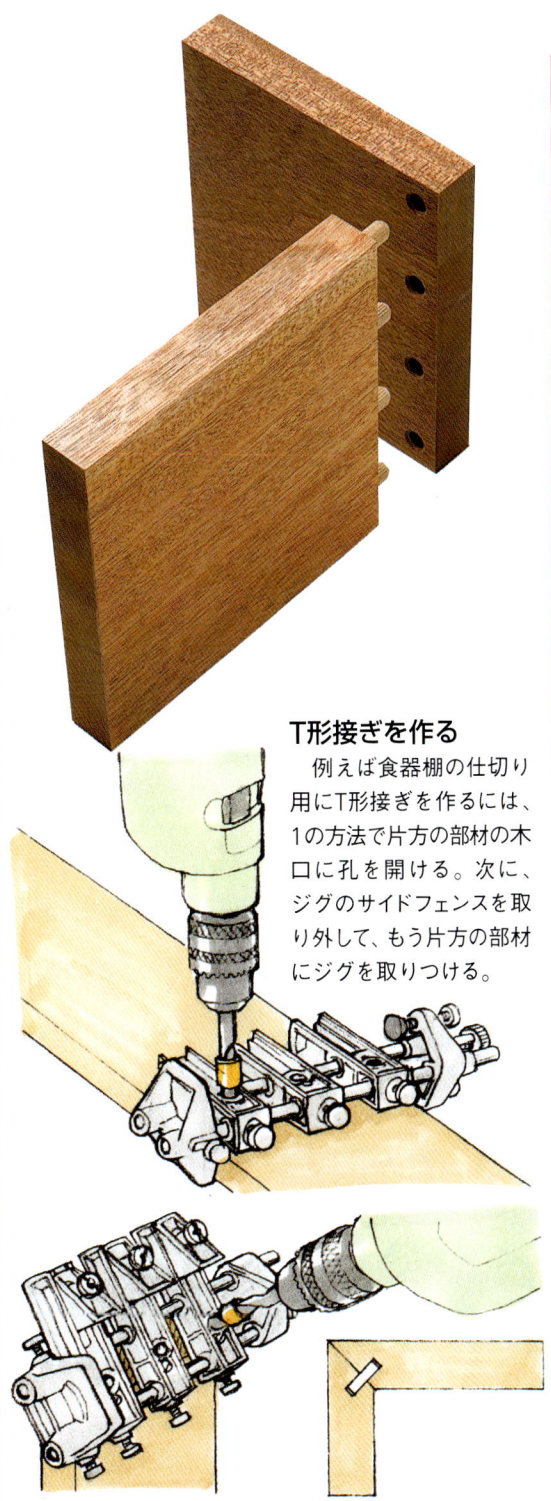

T形接ぎを作る

例えば食器棚の仕切り用にT形接ぎを作るには、1の方法で片方の部材の木口に孔を開ける。次に、ジグのサイドフェンスを取り外して、もう片方の部材にジグを取りつける。

留形だぼ組接ぎのだぼ孔を開ける

だぼで補強した留め接ぎを作るために、矩形打付け接ぎで使用したものと同じようにジグを組み立てて(左図参照)、木材の傾斜端部に取りつける。だぼ孔が斜面の下端側に位置するようにドリルビットガイドを調節する。だぼ孔を開けたあと、ジグをもう一方の部材に移してだぼ孔を開ける。

矩形3枚組接ぎ

　矩形3枚組接ぎは、接ぎ手の直角がゆがみやすい横からの圧力がかからない場合であれば、比較的軽量の框組を作るのに適している。接着剤を塗った後に、接ぎ手の側面に2ヵ所のだぼを挿入すれば、矩形組接ぎの強度をかなり改良できる。

ほぞ部材
ほぞ穴部材

1　胴付きを墨付けする

　各ほぞ部材に順番に、木材の周囲に正方形の胴付きの墨線を回し、接ぎ手が完成した後で面一に仕上げられるように、ほぞをわずかに長くしておく。白書きを使って、あまり力を入れずに両端の墨線をなぞる。ほぞ穴部材も同様に墨付けするが、その時は鉛筆を使用する。

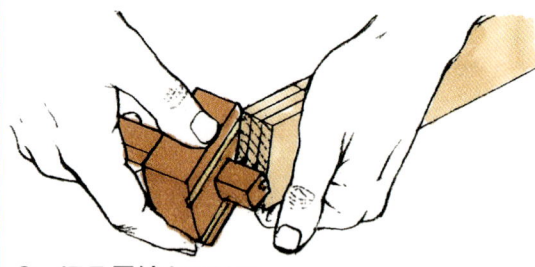

2　ほぞ墨線をつける

　ほぞ穴用罫引きの先端を木材の1/3の厚さに設定し、罫引きの先端が木端の中央になるように罫引きの定規板を調節する。両方の木端と木口にほぞの幅を墨付けする。

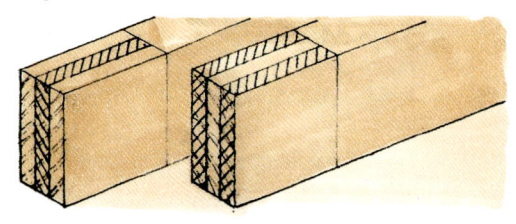

3　ほぞ穴を墨付けする

　同じ罫引きを使ってほぞ穴の両側面に墨付けし、次に白書きで、ほぞの底部にある罫引き線の間の短い胴付きの墨線を引く。接ぎ手を加工するときに混同しないように、両方の部材の不要部分に鉛筆で印をつける。

4　通しほぞ穴を切断する

　ほぞ穴の幅に近いドリルビットを選び、接ぎ手の相対する胴付きの墨線の真上にあたる不要部分に孔を開ける。木材を万力で固定し、両方の罫引き線の不要部分側をほぞ穴の底部の孔へ向かってのこで切り落としていく。のみで胴付きを直角に仕上げる。

5　ほぞを加工する

　木材を万力で固定し、ほぞの両側を胴付きまで切り落とす（89ページ、ほぞ接ぎの項を参照）。木材をあて止めの上を横切って置き、それぞれの胴付きの墨線を切断して不要部材を取り除く。

留形3枚組接ぎ

留形3枚組接ぎはこれまでのコーナージョイントと同様の方法で作られるが、木口が見えるのは片方の端部だけなので、框組みを作る他の方法としてはより見ばえのよい接ぎ手である。

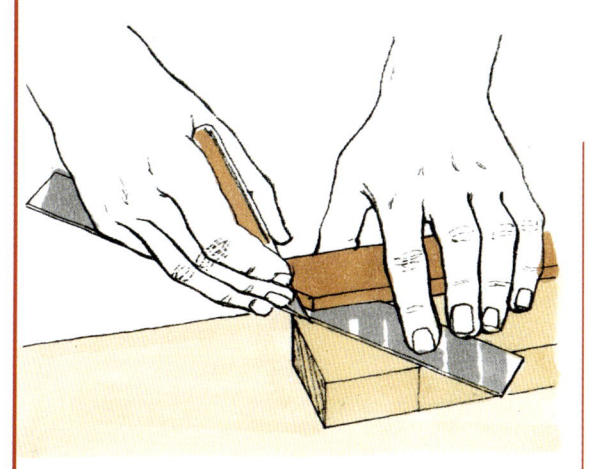

(男木) ほぞ部材

(女木) ほぞ穴部材

1　接ぎ手の墨付けをする

接合部材をその寸法に正確に切断する。直角定規と鉛筆を使って、各端部の接合部分の幅を墨付けし、直角にすべての面に胴付きの墨線を引く。次に白書きと留定規で各部材の両側に留めの傾斜面を墨付けする。

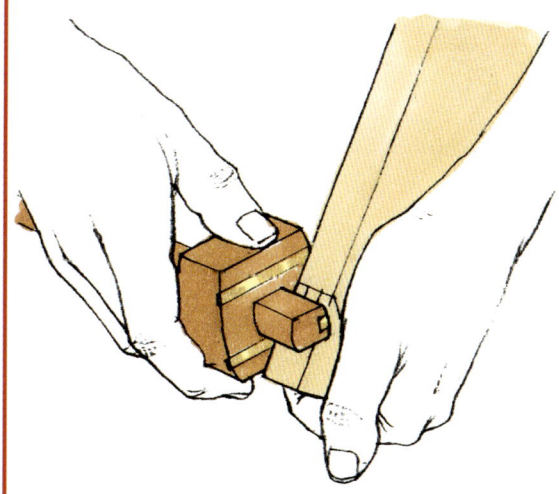

2　ほぞとほぞ穴の墨線を引く

ほぞ穴用罫引きの針を木材の厚さの1/3に設定し、1対の針が木端の中央になるように当て木を調節する。ほぞ部材の内側の木端から木口へとほぞの幅を引く。ほぞ穴部材にも木口と両方の木端に同様の墨線を引く。

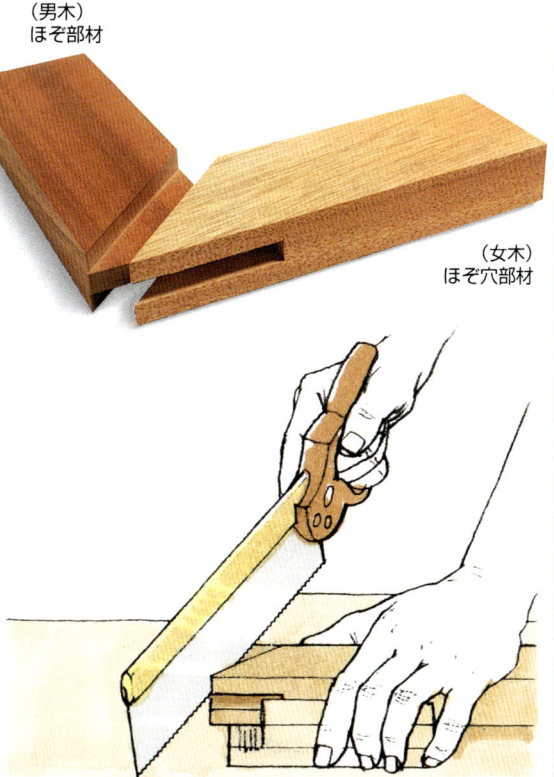

3　ほぞ穴を切断する

従来の矩形3枚組接ぎの項に記載した通りに(左のページ参照)、ほぞ穴から不要部分を切り取り、次にあて止めに木材を固定して、接ぎ手の両頬を留め形にするために墨線をのこで切断する。留めが完全でない場合は小がんなで削っておく。

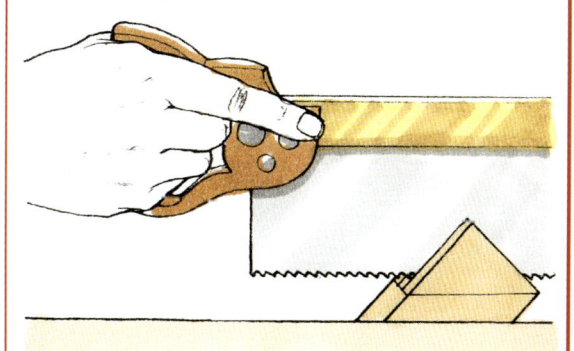

4　ほぞを切断する

ほぞ部材を45度で万力に固定し、ほぞの両側にある胴付き面までのこで切断する。このとき、つねに墨線の不要部分側にのこ刃を通す。次に、男木をあて止めに固定し、両方の胴付き面に沿ってのこで切断して不要部分を取り除く。必要に応じて、相じゃくりかんなで胴付き面を削っておく。

T形三枚組接ぎ

　T形三枚組接ぎは框の中間を支える方法であり、多少の変更を加えれば、長い桟を支えなければならないときに、この接ぎ手を使用して幕板をテーブルの脚に接合する場合もある。横方向の力に比較的に弱い矩形3枚組接ぎと違って、T形三枚組接ぎはほぞ接ぎと同じくらいの強度がある。

（女木）ほぞ穴部材

（男木）ほぞ部材

1　胴付きを墨付けする

　胴付き面を木材の周囲に刻むために白書きを使って、男木の上に女木の幅を墨付けする。木端を通過するときだけ軽く力を加える。次に、女木の両頬をわずかに長くして、鉛筆と直角定規で木材の周囲に胴付きを直角に墨付けする。

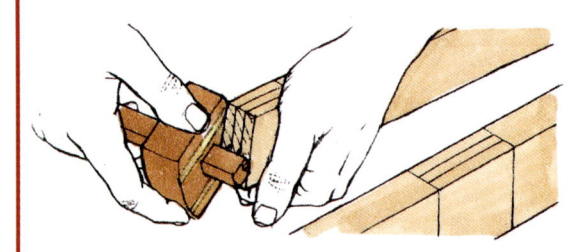

2　接ぎ手に墨付けする

　ほぞ穴用罫引きの針を木材の厚さの1/3に設定し、1対の針が木材の木端の中央になるように定規板を調節する。男木に引いた胴付きの間に平行線を引き、次に、女木の木口と両方の木端に同様の線を引く。

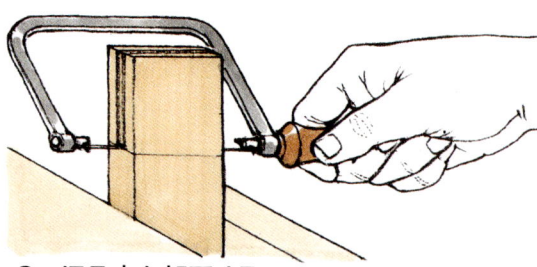

3　ほぞ穴を加工する

　矩形組接ぎの項に記載した通りに（76ページ参照）、ほぞ穴を加工する。また、ほぞ挽きのこでほぞ穴の両側を切断し、糸のこを使って不要部分を取り除き、できるだけ胴付きに近い所を切り取る。必要に応じて、胴付きの角を鋭利なのみで削り取る。

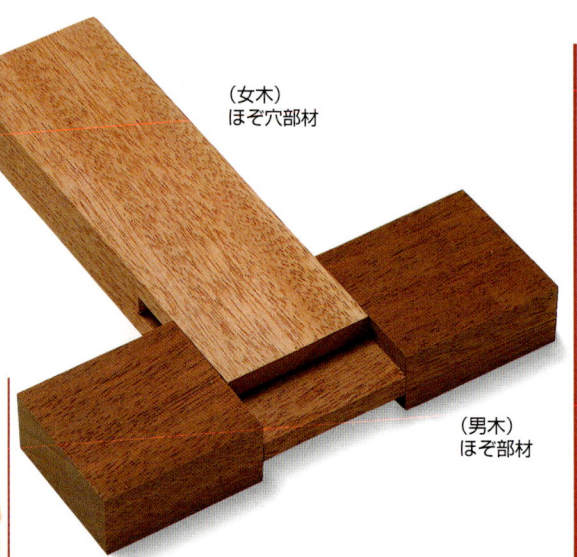

4　男木を加工する

　男木の両側にある罫引き線まで胴付きを切断し、次にその間を3、4回同じように切断する。木材をしっかりと固定して、両端から中央に向かって木槌とのみで不要部分を削り取る。接ぎ手を組み合わせた後、接着剤を塗って乾かし、ほぞ穴の頬の端部と男木をかんなで平らに仕上げる。

テーブルの脚の場合

　直角の脚をテーブルの幕板に接ぎ合わす場合、桟の厚さ約2/3の"ほぞ"を作る。わずかに被さるテーブルトップによって脚の木口を隠せるように通しほぞ穴をはめ込む。

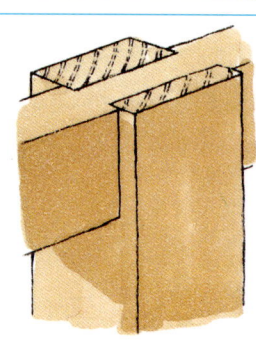

包み打付け接ぎ

　基本の包み接ぎは矩組打付け接ぎよりもわずかに強いだけだが、木口がほとんど隠れているので、外見上は改善されている。そのため、引き出しの正面をその側面に結合する比較的簡単な方法として使用する場合もある。

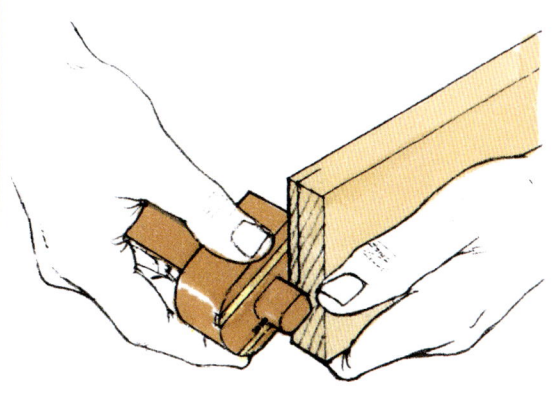

溝部材

横部材

ラップ

1　溝の墨付けをする
　両部材を切断して直角にかんなをかける。罫引きを溝部材の厚さの約1/4に調節し、見付け面に罫引きをあてて、木口を横切って墨線を入れる。続いて両方の木端に墨線を伸ばし、胴付きの位置まで切り込む。

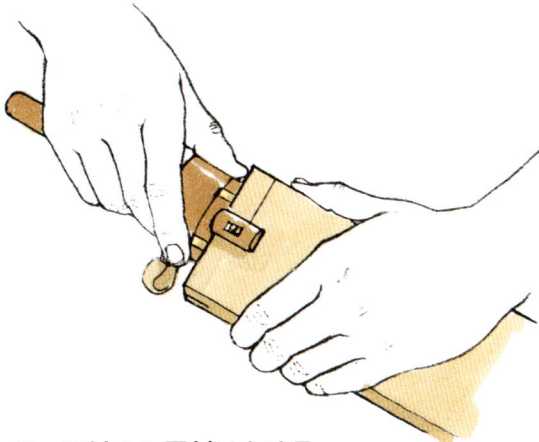

2　胴付きの墨付けをする
　横部材の厚さに合うように罫引きを設定し、次に溝部材後方の木口と平行に胴付きの墨線を入れる。両方の木端を横切って胴付きの墨線を伸ばして、1で入れた墨と合わせる。

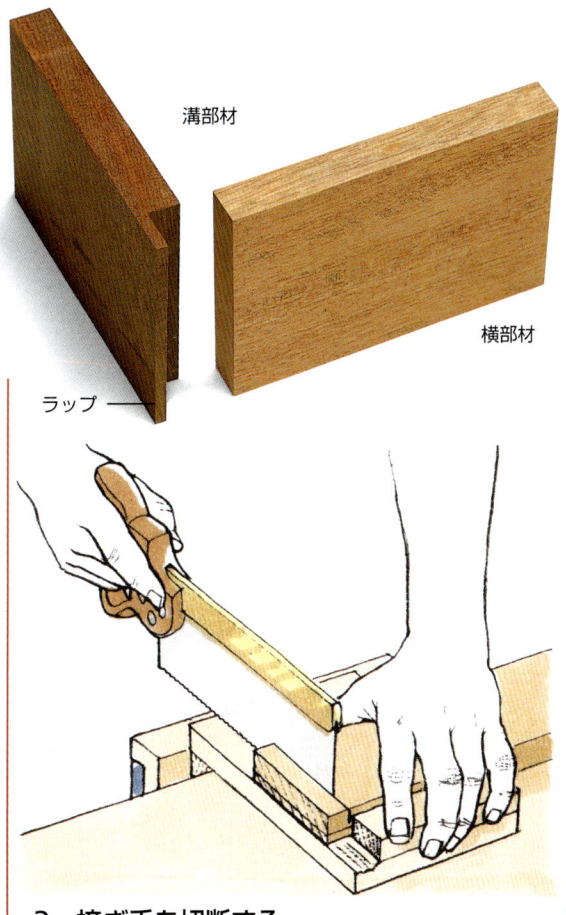

3　接ぎ手を切断する
　溝部材を垂直に万力で固定する。木口に引いた墨線に沿って胴付きの墨線を切断する。見付け面を下にしてあて止めに置き、ほぞ挽きのこで胴付きの墨線を切断して不要部分を取り除く。相じゃくりかんなで溝をきれいに削ってきっちりとした接ぎ手を作る。

4　接ぎ手を組み立てる
　接ぎ手に接着剤を塗ってクランプで固定し、次に横部材を貫通するようにパネルピンまたは頭部のない小さな釘を打ち込む。釘締めでピンを埋め込み、孔をふさぐ。

追入れ接ぎ

　この簡単な追入れ接ぎは側板の正面端部上に現れる。あまり上等でない棚や、正面端部を覆うドア付きの食器棚に向いている。板に縁を作るつもりならば、まず縁材から取りかかるのが最善の方法であり、そうすれば縁材をかんなで平らにすることがより簡単である。

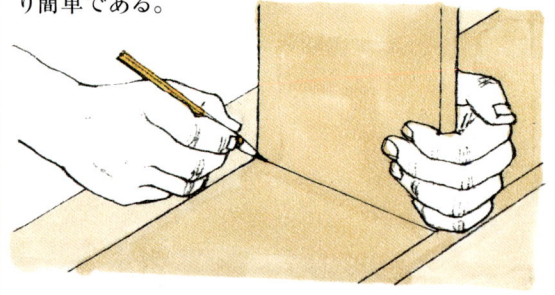

側板

棚板

1　側板の表面に墨付けする
　棚板を使って追入れの幅の寸法をとり、次に直角定規と白書きを使って、側板を横切って2本の線を引く。

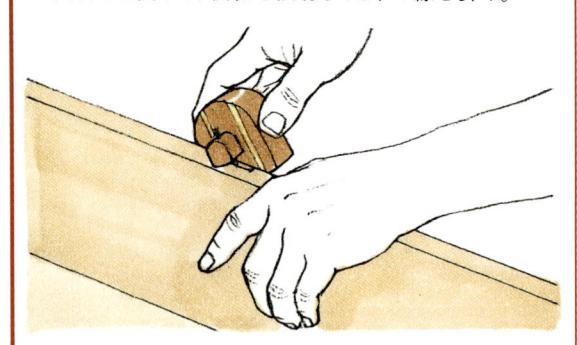

2　端部に墨付けする
　側板の両端に1と同じ墨線を直角に回し、次に約6mmに設定した罫引きを使って2本の墨線の間に1本の墨線を引く。

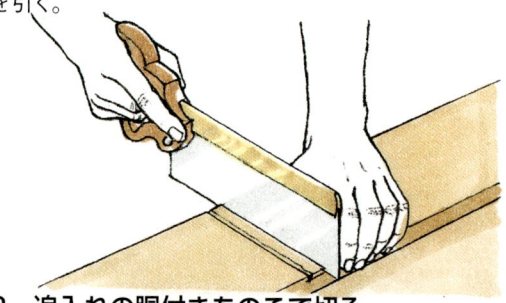

3　追入れの胴付きをのこで切る
　幅の広いパネルを横切るのこの位置をより簡単に決めるためには、のみを使って、追入れの両側の墨線まで浅いV形の溝を彫り、次に胴付きのこを使って各胴付きを両端に引いた線まで切り落とす。

4　不要部分を取り除く
　のみで各側面から中央へ向かって狭い側板から不要部分を削り取る。

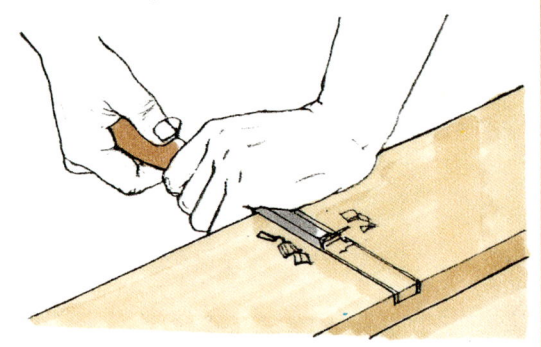

ルータかんなを使う
　不要部分の大半をのみで削ってから、細い調節可能なL形の刃を取りつけた特殊なルータかんなを使って、追入れの底を水平に削り取る。パネルの幅が大きすぎてのみをうまく使えないときは、追入れが水平になるようにカッターを毎回下げながら、ルータかんなで何回か削って、徐々にすべての不要部分を取り除く。

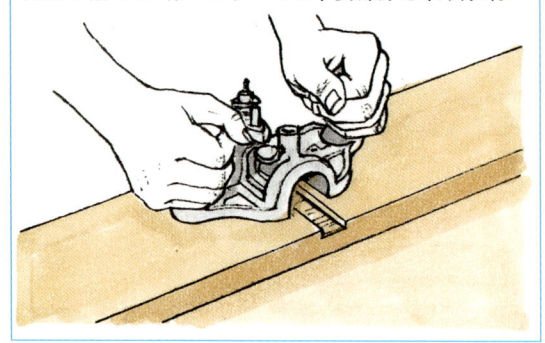

80

蟻形追入れ接ぎ

　この接ぎ手を手作業で切断するときは、追入れの片方の側面に沿って1ヵ所蟻形を組み込む。両側に蟻形を切断するためにはルーターが最適である。棚部材は追入れの一端から差し込むため、接ぎ手は正確に切断しなければならない。

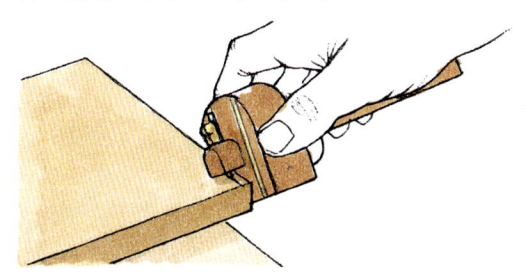

側板

棚板

1　胴付きを墨付けする

　罫引きを木材の厚さの約1/3に設定し、棚板の下側に胴付きの墨線を引く。直角定規と鉛筆を使って、木材の両端を横切って墨線を伸ばす。

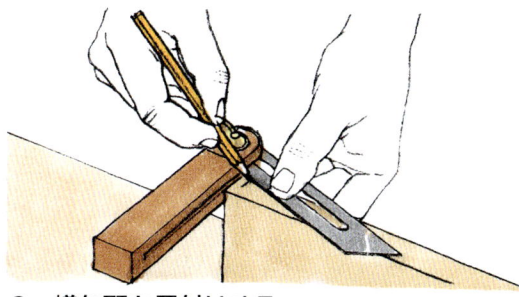

2　蟻勾配を墨付けする

　斜角定規を蟻勾配（90ページ参照）に設定し、棚板の底部の角から両端に引いた線まで接ぎ手の傾斜を墨付けする。

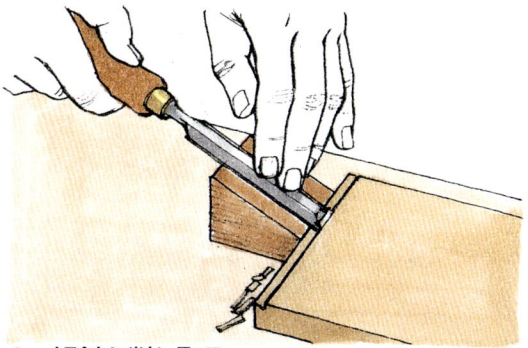

3　傾斜を削り取る

　胴付きの墨線に沿って傾斜の底へ向かってのこで切断し、次にのみで不要部分を削り取る。角度を一定に保ちやすいように、木製の傾斜ブロックを使ってのみの刃を誘導する。

4　追入れを切断する

　1で述べた通りに追入れに墨付けし、斜角定規を使ってパネルの両端に蟻形を墨付けする。蟻形を切断するときには、のこ刃を誘導する木製の傾斜ブロックを使って、両方の胴付きを切断する。ルータかんなで不要部分を削り取るか、しのぎのみを使って切り口をきれいに仕上げる。

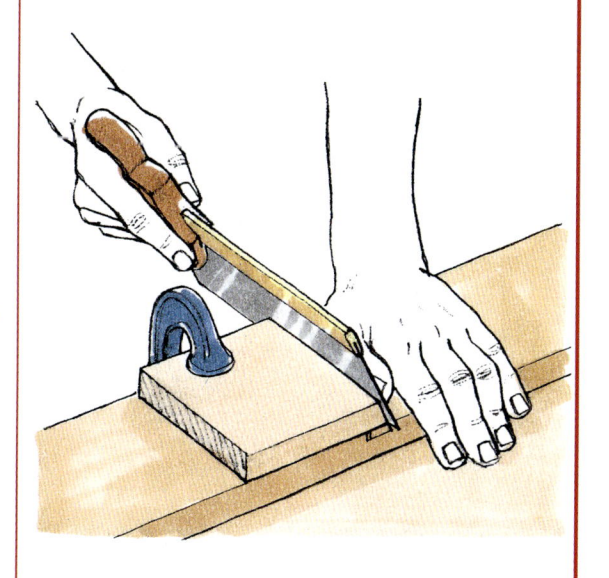

肩付き追入れ接ぎ

　装飾的な効果から、追入れを側板の正面端部の約9～12mm手前で止める場合が多い。時には、棚板も短く切断して追入れと同じ長さに合わせることもあり、はめ込み式扉のついた食器棚を作るときには有効な手法である。しかし、一般には棚板の正面端部には、その端部が側板の端と面一に仕上がるように切り込みが入っている。以下の説明は手工具による接ぎ手の切断方法を紹介しているが、肩付き追入れ接ぎを加工する道具としては、おそらく電動ルーターが理想的であろう。

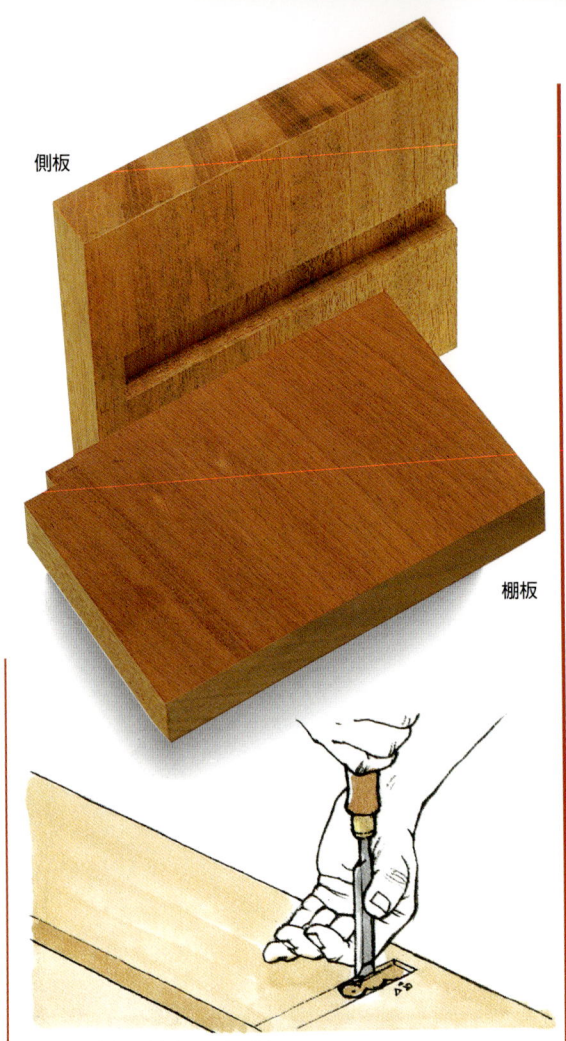

側板
棚板

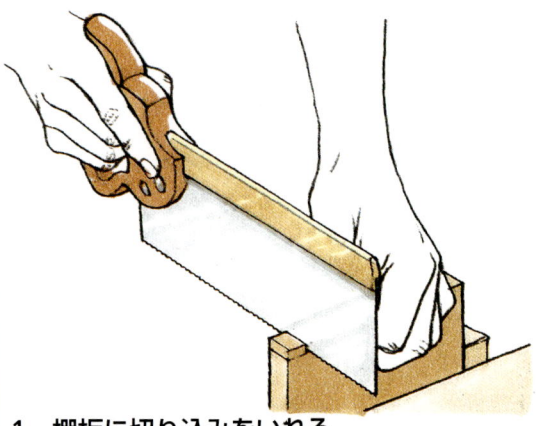

1　棚板に切り込みをいれる
　追入れの予定の深さに罫引きを設定し、それを使って棚板の正面角部に切り込み線を引く。次に、ほぞ挽きのこで切り込みをいれる。

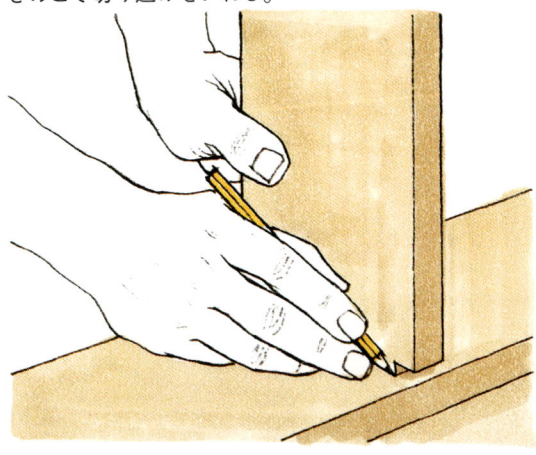

3　胴付き端部を切断する
　追入れをきれいにのこで切断するために、まず肩付き端部の不要部分をドリルで削り、のみで胴付きを直角に削り取る。

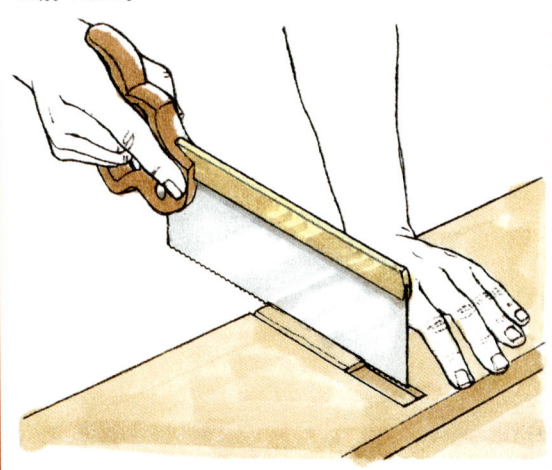

2　追入れを墨付けする
　追入れの寸法を墨付けするために、切り込みをいれた棚板を使って、直角定規と白書きで側板を横切って墨線を引く。罫引きで追入れの胴付き端部を墨付けする。

4　追入れを切断する
　胴付きの墨線に沿って追入れの底部までのこで切断し、次にのみまたはルータかんなを使って裏側端部から不要部分を削り取る。

小根付き追入れ接ぎ

　小根付き追入れ接ぎは基本の包み接ぎの一種であり、箱形框やキャビネットの角を作るときに使われる。追入れは木材の厚さ約1/4、幅約1/4よりも深くてはいけない。

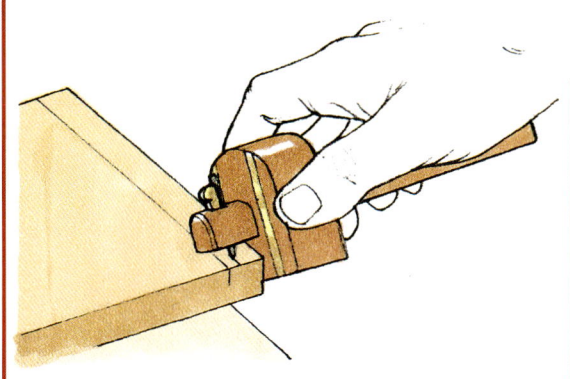

側板

水平部材

1　追入れの墨付け
　両部材の端部を直角に切断してかんなで削る。罫引を水平部材の厚さに設定し、側板の横方向と両端部に追入れの底端部の墨線を軽く引く。罫引を再設定して同様に追入れの上端部に墨線を引く。

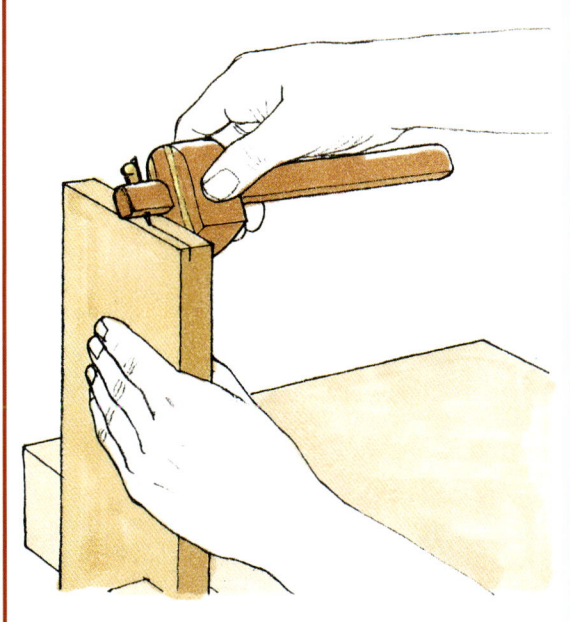

2　小根の墨付け
　同じ設定でゲージを使用して、見付け面に罫引きを当てながら、水平部材の木口と両方の木端に小根を墨付けする。

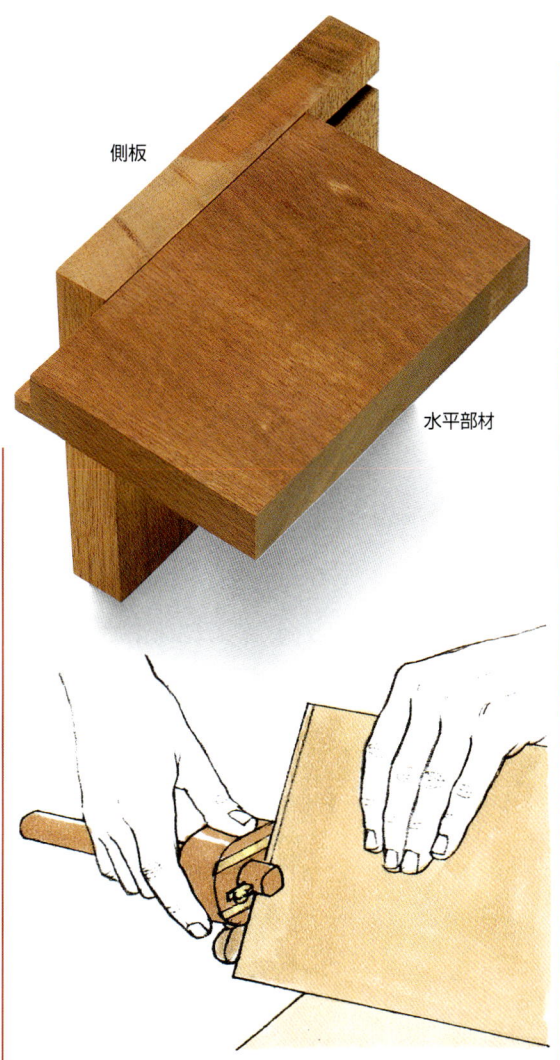

3　胴付きの墨付け
　側板の厚さの約1/3に罫引きを再設定し、水平部材の見付け面を横切って、両方の木端には下向きに胴付きを墨付けする。のこで不要部分を取り除き、しゃくりかんなで仕上げて小穴溝を形成する。

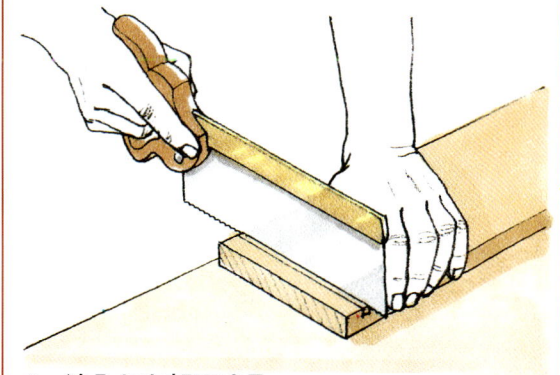

4　追入れを加工する
　側板の両方の木端に追入れの深さを墨付けし、追入れ接ぎの項に記載の通りに（80ページ参照）のことのみで不要部分を取り除く。

十字形相欠き接ぎ

十字形相欠き接ぎでは、接ぎ手の両部材は同一である。両部材がどのように組み合わさっても同じように強く、実際には厚さの半分が各部材から取り除かれているが、垂直部材または仕切り板が貫通しているように見えるというのが通例である。

桟

仕切り板

1 胴付きを墨付けする
両部材を横に並べて置き、直角定規と白書きを使って、木材を横切って胴付きの墨線を引く。続いて、両墨線を各木端の半分のところまで延長する。

2 接ぎ手の深さを墨付けする
罫引きを木材の厚さのちょうど半分に設定し、両部材の木端に引いた胴付きの墨線の間に1本の墨線を刻み込む。

3 接ぎ手を切断する
各胴付きの墨線の不要部分側にある木材をいずれも半分までのこで切り込む。胴付きの間にある不要部分をさらに1〜2回切り込んで分割する。

4 不要部分を削り取る
木材を万力で固定し、各部材の各側面から中央に向かって、不要部分をのみで削り取る。その結果できた凹部の底をそれぞれのみで平らに削り取る。

あて止めを作る
ビーチやメープルのような木目の詰まった厚さ18mmの硬材から、約250×200mmの土台となる板を切る。長さ150mmで幅38mmのストッパーを2つ切る。土台の両端のそれぞれ反対の面に、小口にそろえてストッパーを接着剤とだぼで固定する。ストッパーはそれぞれの長い木端から25mmずつ内側にセットする。こうすれば木工業者が右利きでも左利きでもガイドを使うことができる。

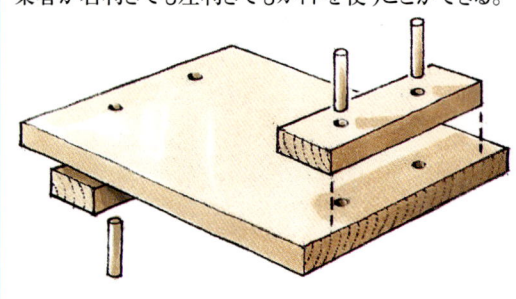

矩形相欠き接ぎ

　各角部を相欠き接ぎにして簡単な框組みを作ることができるが、強度の点では接着剤に完全に頼るために、ねじ釘やだぼで補強しなければならない場合もある。以下に述べる方法で、手作業で接ぎ手を加工するか、または電動のこで加工する。留形相欠き接ぎはより上品だが、接着部分がかなり小さくなる。

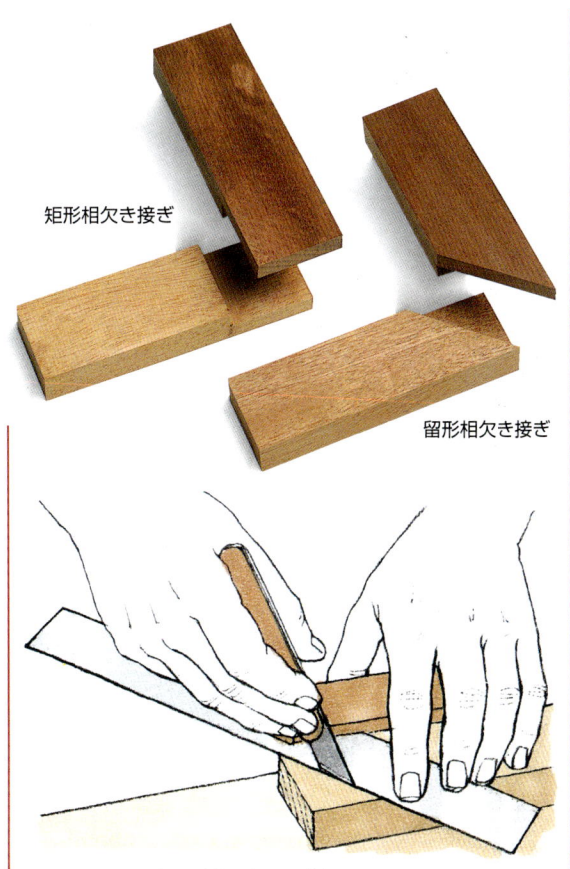

矩形相欠き接ぎ

留形相欠き接ぎ

1　基本の矩形相欠き接ぎを墨付けする
　両部材を並べて置き、両方に胴付きの墨線を引く。それらの墨線をそれぞれの木端に延長する。

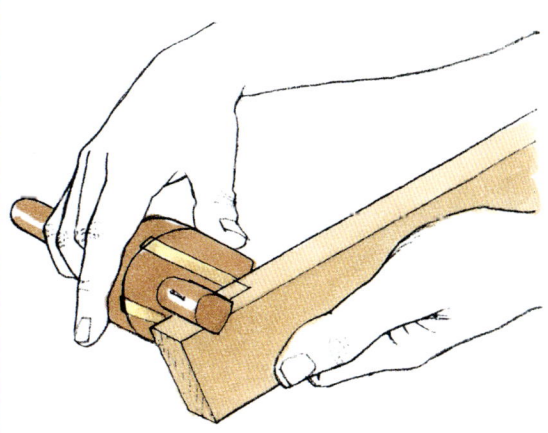

1　留形相欠き接ぎの墨付け
　片方の部材を左に述べた方法で墨付けして切断し、次にラップを45度に切断する。もう一方の部材の見付け面に、白書きと留定規を使って斜め胴付きの墨線を入れ、次に内側の木端に上向きに、木口を横切って中央線を刻む。

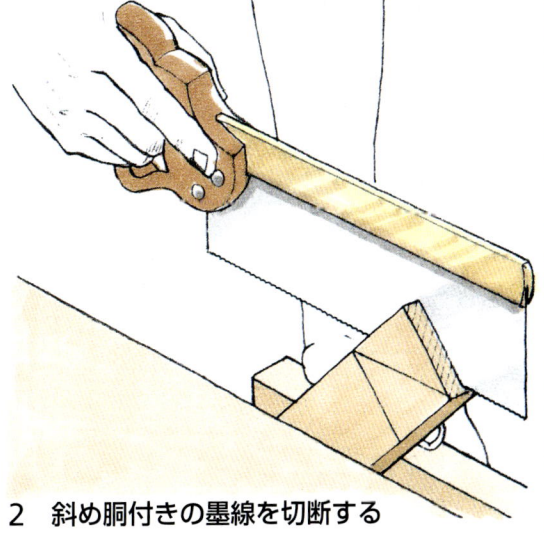

2　深さ決め
　罫引きを木材の厚さの半分に設定し、木口と両方の木端に1本の墨線を刻む。ほぞ挽きのこで木口から下向きに切断し、次に胴付きを横向きに切断して不要部分を取り除く。

2　斜め胴付きの墨線を切断する
　木材を万力に45度で固定し、中央線の不要線側を胴付きの墨線までのこで切断する。次に木材をあて止めに置き、胴付きの墨線を切断して不要部分を取り除く。

T字形相欠き接ぎ

框を中間で支持する結合方法のT形相欠き接ぎは十字形相欠き接ぎと矩形相欠き接ぎを組み合わせたものである。

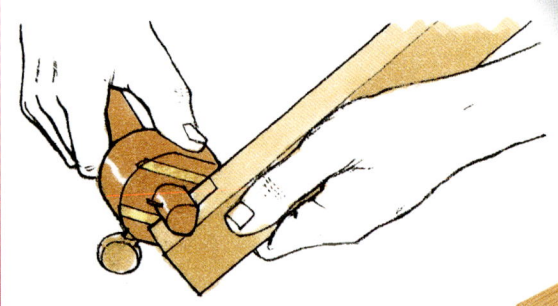

1 接ぎ手を墨付けする
関連部材から寸法を取りながら、白書きと直角定規で胴付きの墨線を入れ、次に罫引きで各部材に接ぎ手の深さを刻む。

2 凹部を切断する
胴付きの間から不要部分をのみで削り取る。のみの刃の長いエッジを使って凹部の底が平らになっているかどうかを確認する。

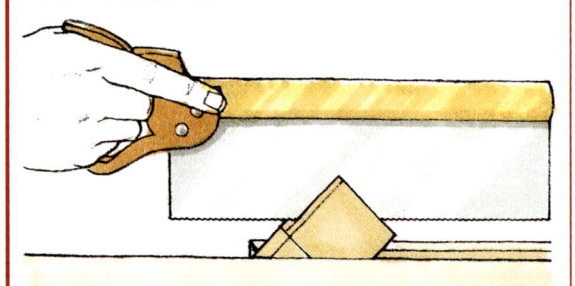

3 ラップを切断する
つねにのこ刃が罫引き線のちょうど不要部分側を通るようにして胴付きを切断する。片方の木端を切断しているときに木材を手前から向こうへ傾けると垂直に切断していることがより簡単にわかる。木材を反転させてもう一方の木端を切断し、最後は胴付きまで垂直に切断する。

4 不要部分を切り落とす
木材をあて止めに置き、胴付きの墨線をのこ挽きして不要部分を落とす。必要であれば、のみやきわかんな（31ページを参照）で胴付きを矩形に整える。

蟻形相欠き接ぎ

T形相欠き接ぎの強度を増すために蟻接ぎを組み込む。胴付きが直角である普通の矩形相欠き接ぎを作るよりもわずかながら難しい。

1 包み蟻形を墨付けする
従来の方法でラップを墨付けして切断した後（向かいのページ参照）、テンプレートと白書きを使って木材の上に蟻形を墨付けする

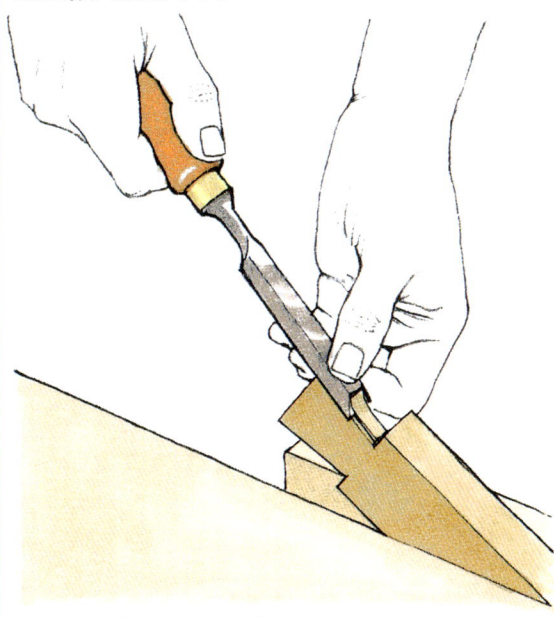

2 包み蟻形を仕上げる
ラップの両側面にある短い胴付きをのこで切断し、次にのみで不要部分を削り取って蟻形の傾斜側面を仕上げる。

3 凹部の墨付けと切断
蟻形のラップをテンプレートとして使用し、十字部材の上に凹部の胴付きを墨付けする。罫引きで凹部の深さを墨付けし（18ページ参照）、次にほぞ肘付きのことのみで不要部分の木材を取り除く。

テンプレートの作成
先細り形の合板の核を切断し、片方の側面の勾配は針葉樹材に蟻形を墨付けするために、もう一方の側面は広葉樹材用として使用する（90ページ参照）。広葉樹材の台に挽いた溝に核を接着する。

通しほぞ接ぎ

　ほぞが脚を貫通する通しほぞ接ぎは、あらゆる種類の多くの框組み構造に使用される。木口が見えていたり、ほぞを広げるために木製のくさびが使われていることもあって、作り手の興味をそそる能率的な接ぎ手である。ほぞをほぞ穴にぴったりと合うように作るほうがその逆の方法よりも簡単なので、必ずほぞ穴を先に加工する。

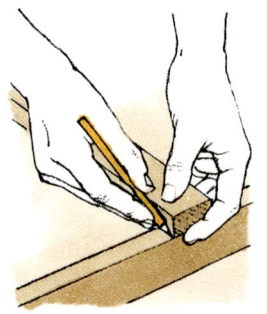

桟（男木）

脚または框（女木）

1　ほぞ穴の長さを墨付けする
　桟をテンプレートとして使用して、ほぞ穴の位置と長さを墨付けする。2本の墨線を鉛筆で直角に1周させる。

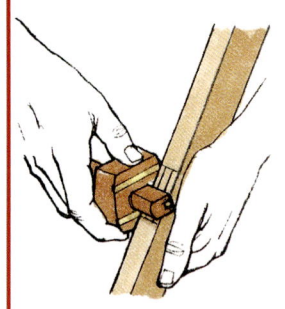

2　ほぞ穴墨を引く
　使用する向待ちのみの幅に合うようにほぞ穴用罫引きを設定し、両方の木端に引いた2本の墨線の中央にほぞ穴墨を引く。

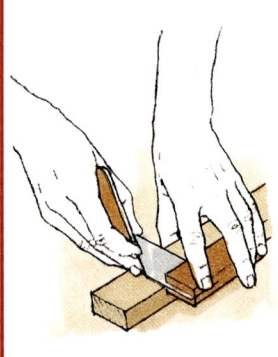

3　ほぞの胴付きを墨付けする
　桟に胴付きの墨線を引き、接ぎ手が完成したときにかんなで面一に仕上げられるように、ほぞを少し長めに残しておく。白書きで胴付きの墨線を入れる。

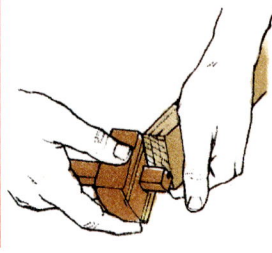

4　ほぞの墨付けをする
　設定を変えずに、ほぞ穴用罫引きを使って桟の両方の木端と木口にほぞ墨を墨付けする。

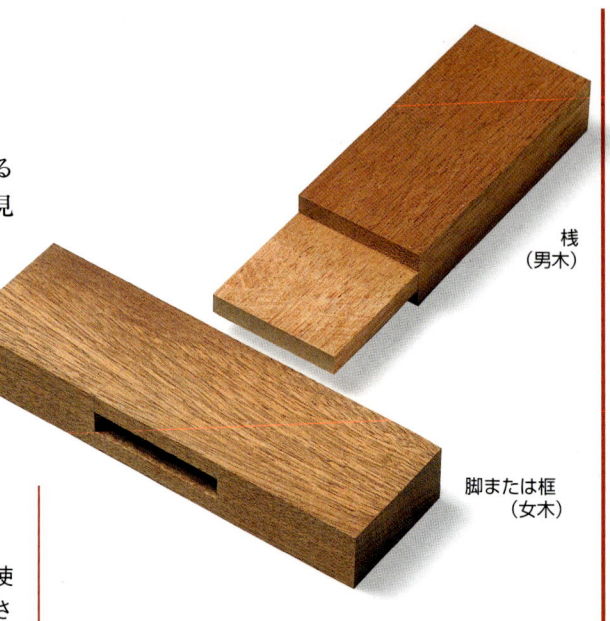

ほぞ穴とほぞの比率
　基本のほぞ接ぎ用のほぞを桟の厚さの約1/3に切断し、その正確な大きさはほぞ穴を切断したときに使用したのみで決まる。脚またはほぞ穴部材が桟よりも厚い場合は、ほぞの厚さが分厚くなることがある。
　通常ほぞは桟の幅の全部を占めるが、桟の幅が異常に広い場合は、極端に長いほぞ穴を備えた脚の強度が低下しないように、1組のほぞを上下に取り入れる方法が最適である。この種類の接ぎ手は2段ほぞ接ぎとして知られている。2枚のほぞを横に切断する方法は、桟を水平に取りつける場合に必要である。
　止めほぞ穴の深さは、脚または框の幅の約3/4とする。

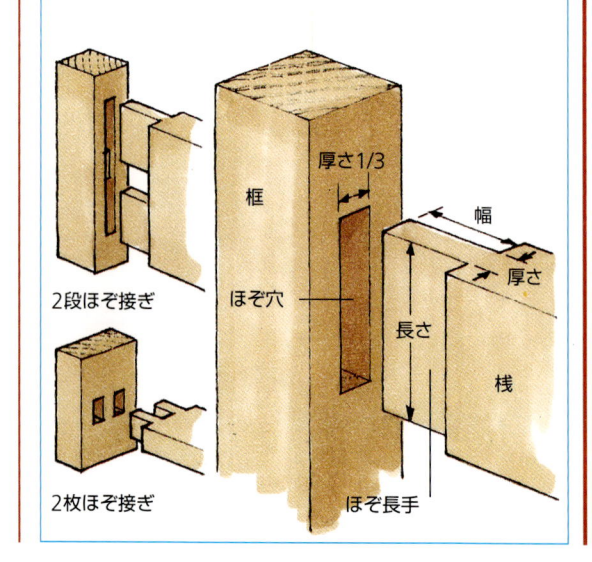

2段ほぞ接ぎ

2枚ほぞ接ぎ

框　厚さ1/3　ほぞ穴　幅　厚さ　長さ　桟　ほぞ長手

5 ほぞ穴を削り取る

框の一端側に立ち位置がとれるように木材を作業台にクランプで固定する。のみを垂直に握り、墨付けしたほぞ穴の中央に、のみを3～6mmの深さまで打ち込む。のみの位置を少しずつ後ろに移動させて、ほぞ穴の端から約2mmのところで止める。

6 不要部分を取り除く

向待ちのみの向きを変えて、ほぞ穴のもう一方の端に向かって徐々に木を削っていく。のみをてことして使って不要部分を削り、框の幅の半分を削り取るまで他の部分も欠き取る。

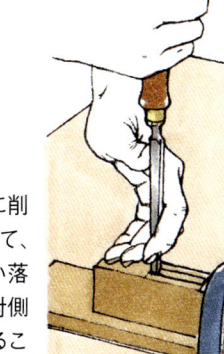

7 ほぞ穴を完成させる

ほぞ穴の端部を直角に削り、木材をひっくり返して、削り取った木くずを払い落としてから、接ぎ手の反対側から不要部分を削り取ることができるように、框を再度クランプで固定する。

8 ほぞを切断する

桟を万力で固定し、木口を手元から遠ざかるように斜めに取りつける。墨付けした各線の不要部分側を胴付きまでのこで切断する。木材を反転させて、ほぞの反対側を胴付きの墨線まで切断する。

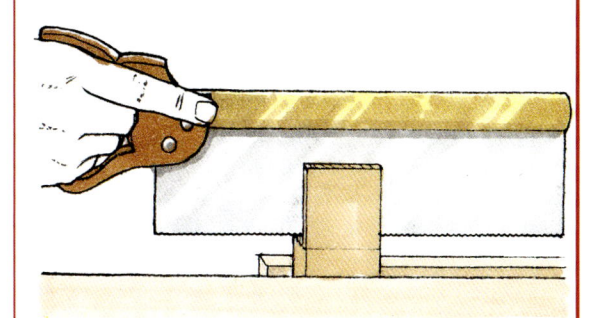

9 垂直に切断する

木材を垂直に固定し、墨線からはみださないように注意しながら、ほぞの両側を胴付きと平行にのこで切断する。

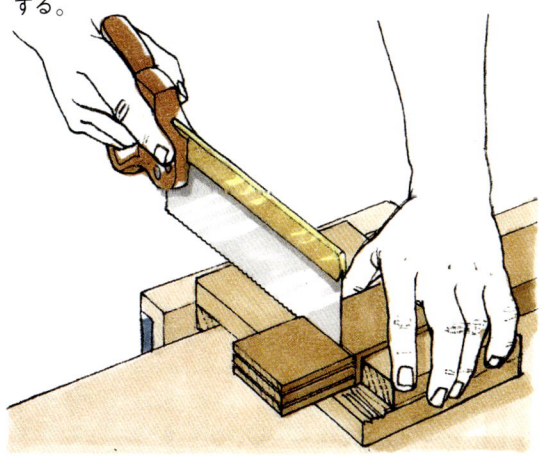

10 胴付きを切断する

桟を作業台の上で支えながら、ほぞの両側にある胴付きの墨線をそれぞれのこで切断する。必要に応じて、ほぞ穴にぴったりと収まるまでのみでほぞの側面を削り取る。

通し蟻組接ぎ

ぴったりとかみ合った蟻組接ぎを加工する技術は、木工作業者の手腕を試す最終試験と見なされるようである。蟻組み接ぎもまた、一枚板から箱やキャビネットを作る最も有効な接ぎ手の1つであることはまちがいない。蟻組み接ぎの最も基本的な形式である通し蟻組接ぎは、角部の両側面に接ぎ手が見える。

1 胴付きの墨線を引く

両方の木材の端部をかんなで直角に削り、女木の厚さに設定した罫引きで、蟻用の胴付きの墨線を男木の全面に引く。

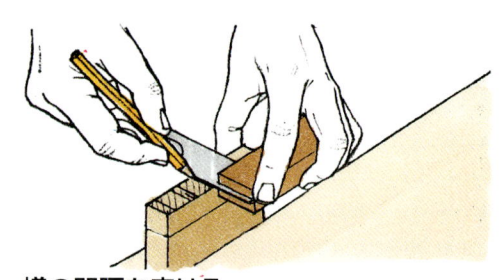

2 蟻の間隔を空ける

上手に手加工した接ぎ手には、比較的幅の狭いびょうに合う同じ大きさの蟻がついている。木材の各端部から6mmの所に木口を横切って1本ずつ墨線を鉛筆で引き、次に必要な蟻の数に応じて、その2本線の間の距離を均等に分割する。これらの墨線のそれぞれ横3mmを測定し、鉛筆で木口を横切って直角に墨線を引く。

3 蟻の墨付けをする

斜角定規か既成の蟻形用テンプレートを使って、木材の見付け面に各蟻の傾斜した側面を墨付けする。不要部分を鉛筆で墨付けする。

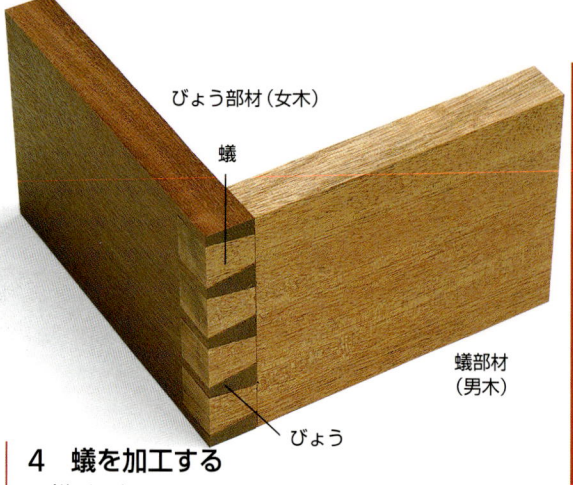

4 蟻を加工する

蟻形の側をそれぞれ垂直にのこで切断できるように、木材を斜めに万力で固定する。列の最後の蟻に到達すると、木材を反対側に傾けて、各蟻の反対側を切断する。

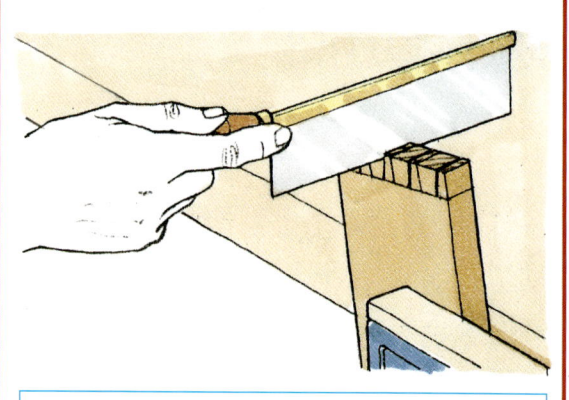

びょう部材(女木)
蟻
蟻部材(男木)
びょう

蟻勾配

蟻形の両側は最適な勾配に傾斜していなければならない。傾斜がきつすぎると蟻形の先端で木目がもろく短くなってしまい、またテーパが不十分であれば、必ず接ぎ手がゆるくなってしまう。理想をいえば、広葉樹材には1対8の勾配を墨付けするが、針葉樹材には1対6に勾配を増やす。各蟻の比率は個人の解釈の問題だが、1列に等間隔に並んだ小さな蟻は、数の少ない大きな蟻よりも見ばえが良く、より強い接ぎ手となる。

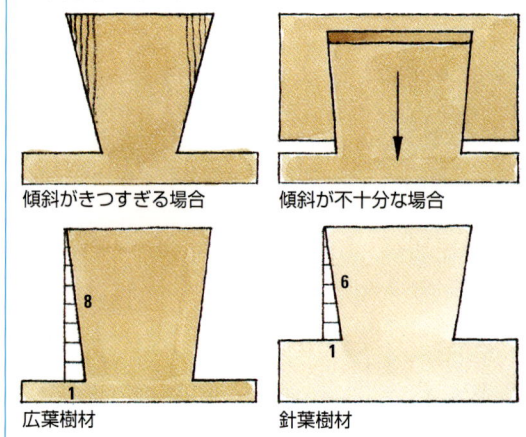

傾斜がきつすぎる場合　　傾斜が不十分な場合

広葉樹材 8:1　　針葉樹材 6:1

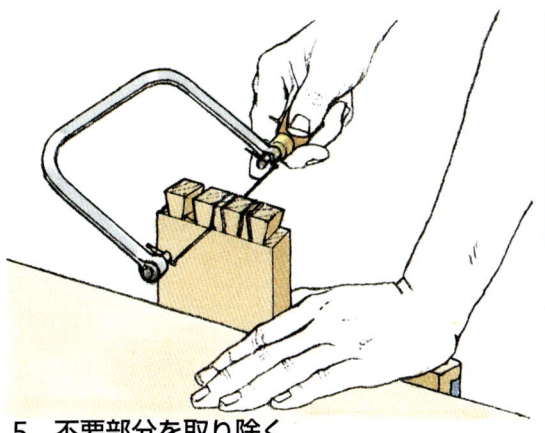

5　不要部分を取り除く

　木材を万力で水平に取りつけて、ダブテールソーで角部の不要部分を取り除く。次に、今度は糸のこを使って蟻の間から不要部分を切断する。

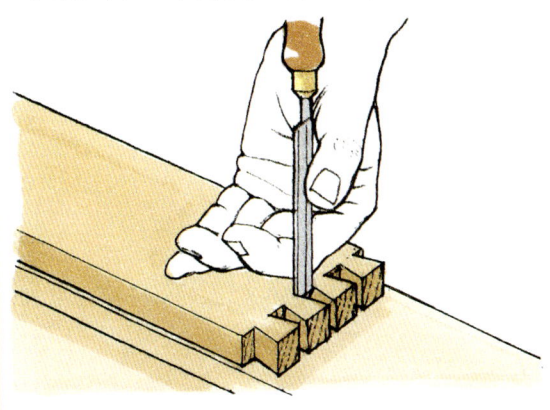

6　胴付きを削る

　しのぎのみを使って蟻の間に残っている部分を削り取る。最後に胴付きの墨線を平らに仕上げる。

7　びょうを墨付けする

　罫引きを男木の厚さに設定し、女木の上にびょう用の胴付きの墨線を引く。木口にチョークを塗って、万力で垂直に固定する。切断した蟻を木材の木口に正確に置いて、先の尖った罫書き針か白書きでチョークの上にその形を写し取る。

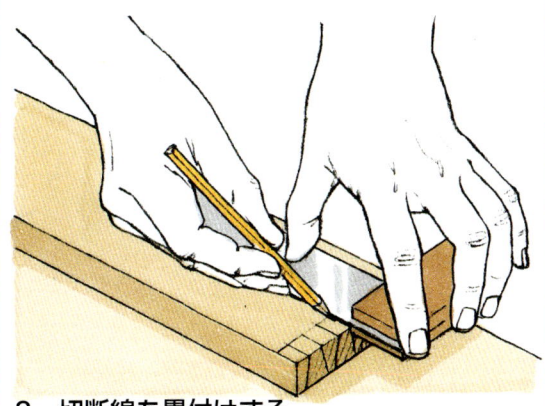

8　切断線を墨付けする

　チョークの上に引いた墨線に直角定規を当てて、木材の両側面の胴付きまで平行線を引く。鉛筆でびょうの間の不要部分に細かい平行線を引く。

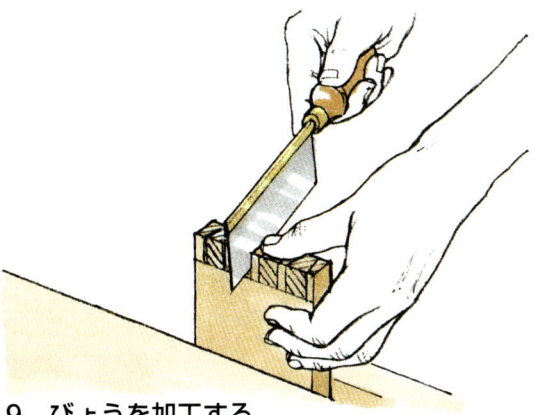

9　びょうを加工する

　チョークを塗った木口を横切って墨付けした勾配線に沿って、各びょうの両側面をきれいにのこで切断する。胴付きを平らに仕上げる。

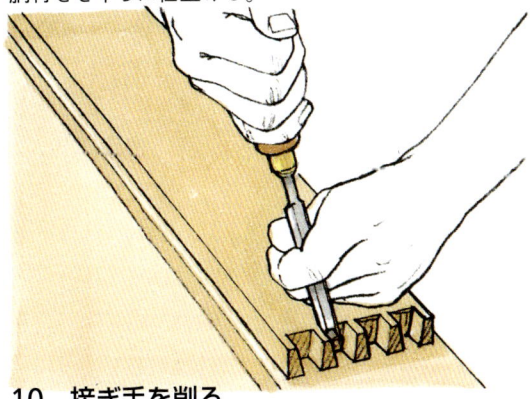

10　接ぎ手を削る

　糸のこで大半の不要部分を取り除き、のみで胴付きを削り取る。接着剤を使わずに接ぎ手を組み合せて、接ぎ手がぴったりと合うまで組合せのきつい箇所をすべて削り取る。

ボルトとバレルナット

これは、桟の端部が脚や他の垂直部材の側面と接合するあらゆる種類の框組み構造に使用できる強い確実な金具である。ボルトは脚に開けた円筒形の孔を貫通して桟の端部内に達し、そこで当たり止め孔に取りつけた中空のバレルナット内にねじ込まれる。ナットの端部にあるねじの差込口のおかげで、貫通孔とボルトを調整することができる。桟の木口に木製の位置決めだぼを取りつけると、組み立てがより簡単になり、ボルトをきつく締めるときに桟が回転しない。

3 位置決めだぼを取りつける

桟の木口の中心線上で一端から約12mmのところにパネルピンを打ちつける。釘の頭を切り取り、次に接ぎ手を組み合わせてきつく押しつける。接ぎ手を分解して、頭を取った釘が印を残した脚に6mmの胴付き孔をドリルで開ける。釘を取り除き、脚と同じように桟にドリルで孔を開けて、短いだぼを孔に接着する。

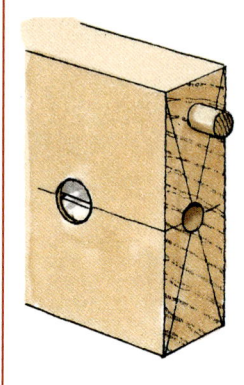

1 桟にドリルで孔を開ける

桟の木口に対角線を描いて中心を見つけ、線の交差する場所にボルトを通す取りつけ孔を開ける。バレルナット用に桟の木口からの距離を計算し、ボルト孔を遮るように桟の側面に当たり止め孔をドリルで開ける。

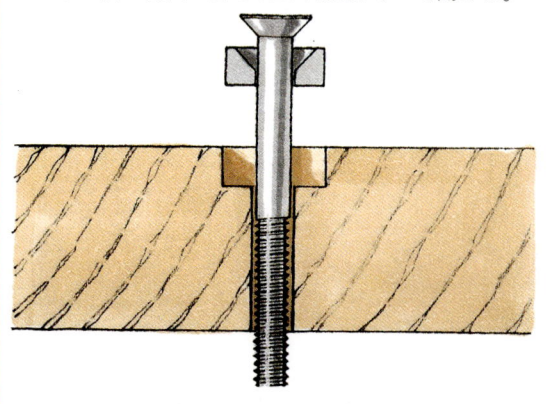

2 脚にドリルで孔を開ける

ボルトとカラー用の円筒形の取りつけ孔を脚に墨付けしてドリルで開ける。

T形ナットとボルト

T形ナットは、ボルト固定用の頑丈な留め具を備える一体型のスパイク付き座金のついた内側に貫通したカラーである。どことなく無骨な金具であり、張りぐるみの框組に最適であろう。

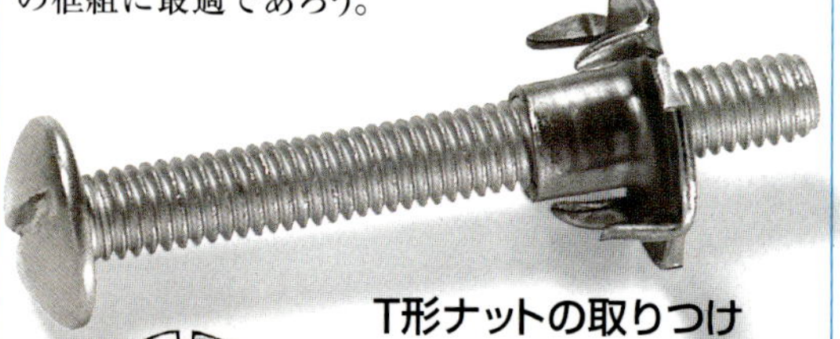

T形ナットの取りつけ

両部材を一緒にクランプで固定して、両方を貫通する8mmの取りつけ孔をドリルで開ける。片方の部材の裏側にナットを打ちこみ、もう一方の部材にボルトを通す。ボルトをきつく締めて両部材を引き合わせ、ナットを木材にしっかりとはめ込む。

スクリューソケット

　ねじ込み式の金属製のスクリューソケットは、木製框や木質ボードをボルトで一緒に固定する安定した固定部を作り出す。各緊結具の外側にある並目ねじが、片方の部材の表面にドリルで開けた胴付き孔の中にソケットを引き寄せる。結合金具の内側にあるさらに細いねじ山がもう一方の部材を適所で支える金属ボルトと結合する。

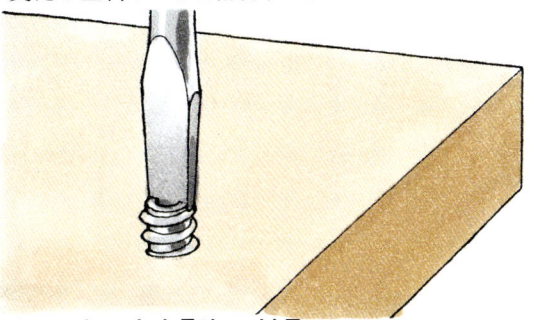

1　ソケットを取りつける
　加工部材の表面に直角に、ソケットを十分取りつけられる深さの直径8mm止め孔を開ける。ソケットの端部を横切って切断された溝にドライバーを当てながら、孔の中にソケットを埋め込む。

2　両部材を組み合わせる
　もう一方の部材にボルト用の取りつけ孔の中心を墨付けして、繊維を割らないように注意しながら、そこに正確にドリルで孔を開ける。ボルトでしっかりと固定しながら、両方の接ぎ手を組み合わせる。

ブロック形留め具

　この安価な、表面に取りつける結合金具は、キャビネットコーナーの内側にねじで固定する連結型プラスチック製ブロックでできている。片側の接ぎ手に成形しただぼがもう一方の接ぎ手のソケットと連結する。2枚のパネルを直角に接合すると、ブロック型結合金具をボルトで一緒に固定する。

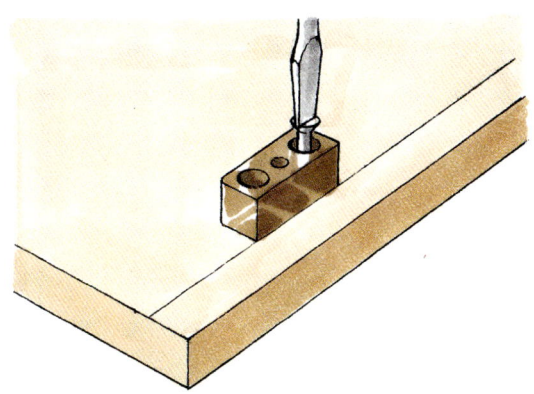

1　ソケットブロックを取りつける
　框組の側板の内側に板の厚さを墨付けする。正面と後ろの端部から約50mmのところに2個のブロック形留め具の位置を墨付けする。各ソケットブロックの土台と墨線を合わせて、側板にねじで固定する。

2　だぼブロックを取りつける
　側板を直角に支えながら、結合するだぼブロックを取りつけて、もう一方の板の上にそれらの固定孔を墨付けする。ブロックを適所にねじで取りつけて、固定ボルトで接ぎ手を組み合わせる。

クランプの取りつけ方法

　どのような組立品を接着する場合も、あらかじめ作業範囲を準備して手順をリハーサルしてみるとよい。これは、特に速乾性の接着剤を使うときに、作業が遅れて状況が複雑なるのを避けるためである。まず接着剤をつけずに部品を組み立て、クランプがいくつ必要になるのか、工作物を合わせるにはどのように調節すればよいかを考えておく。大型の部品や複雑な部品を組み合わせるときは、手伝ってくれる人を見つけておこう。

　同時にすべての接ぎ手を接着する必要はない。たとえば、最初にテーブルの框組みの脚と幕板を接着する。接着剤が固まると、それらの間に側面の幕板を接着する。

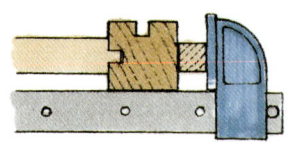

木片が一直線上に並んだ場合

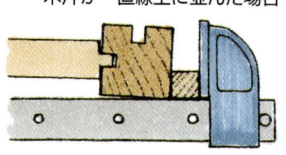

木片を置き違えた場合

框組みをクランプで固定する

　框組接ぎおよびカーカス接ぎの多くは、接着剤が乾くまで組立品をまっすぐに支えるためにクランプで固定する必要がある。1組の窓枠用クランプまたはパイプクランプを用意して、組み立てた框組みがあごの間にうまく合うようにクランプを調節し、金属製のクランプヘッドから木材を保護するために針葉樹材の木片を準備する。各接ぎ手と一直線に並ぶように木片を慎重に配置すること。木片の位置を置き違えたり、予定よりも小さい木片を使うと、接ぎ手が歪んだり木材が傷つく恐れがある。

1　クランプの位置を調整する

2　ピンチロッドを作る

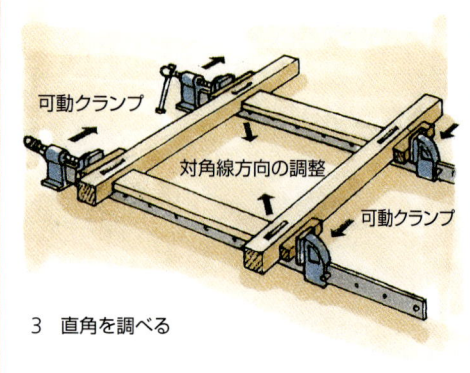

可動クランプ
対角線方向の調整
可動クランプ

3　直角を調べる

きわはぎを作る

　小型で正確に切断した矩組接ぎはクランプを使わずに組み立てることができる。両部材に接着剤を塗って一緒に擦り合せて、接着剤が乾く間に気圧が表面と接触した状態になるまで空気と接着剤を押し出す。

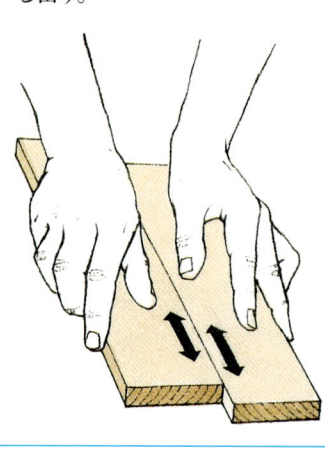

1　クランプの位置を調整する

　各接ぎ手の両部材に均一に接着剤を塗る。クランプがそれぞれの桟と完全に一直線上に並んでいることを確認しながら框組みを組み立てて、あごを徐々に締めつけていき接ぎ手を密着させる。接ぎ手から搾り出される余分な接着剤を雑巾で拭き取る。

2　ピンチロッドを作る

　小型の框組みであれば正確かどうかは、各角部を直角定規で測って調べることができるが、大型の框組みではそれらが同一であることを確かめるために対角線を測定する。薄い木片で1組のピンチロッドを作り、各ロッドの一端を削って傾斜させる。ロッドを背中合わせに握り、傾斜した端部を各角部に押し込んで框組みの対角線に合うまで横向きにスライドさせる。

3　直角を調べる

　ピンチロッドを一緒にしっかりと握ったまま框組みから抜き取り、もう一方の対角線にぴったりと合うかどうかを確認する。対角線の長さが違う場合は、クランプを緩めて框組みが直角になるように少し角度を変えてから、ふたたび対角線をチェックする。

木材の仕上げ

割れや穴を埋める

　どんな木工作業者でも、木口割れや亀裂といったはっきりした欠点のある木材はこばめるが、1ロットの木材すべてが小さな割れも穿孔虫のいる形跡さえなく、完全に無傷だと確認するのはむずかしい。できるだけ木材のよりよい部分だけを選ぶようにして、研磨してなめらかに仕上げる前に、かならず割れや穴を埋めなければならない。しかし、心配は無用だ。割れや穴の大きさ、塗布する予定の仕上げの種類によって、適応できる材料や技術はいくつもある。

ストッパー

ワックススティック

電気はんだごて

スティック状セラック

塗装用の繊維質目止め剤

　塗装の準備には市販や自作のストッパーを使うか、小さな穴や割れは通常の装飾用繊維質目止め剤で埋めるといい。目止め剤には、すぐに使えるチューブ入りタイプや水と混ぜて使う粉末タイプがあり、木工用パテのように塗布して研磨する。

木工用パテ（ストッパー）

　木くずとニカワでできた昔ながらの目止め剤は今でも使われているが、へこみを埋めるには、市販の木工用パテ（ストッパー）を好む人が多い。チューブか小さな缶に入った粘りのあるペーストだ。パテには一般の樹種に似せたさまざまな色がある。

　ほとんどのパテは内装・外装木工どちらの用途にしても、一液パテだ。いったん固まれば、かんなをかけたり、研磨したり、周辺の木材と一緒にドリルで穴をあけることもできる。もっとも、木材の収縮や膨張による動きを吸収できるよう、わずかに柔軟性は残っている。

　触媒つき二液パテは、主により大きな修復を目的としたもので、標準のパテよりもいくぶん固めになる。使用の際はつけすぎに注意。なめらかな表面に整えるため、余計にサンドペーパーをかけることになる。縁を作ったり、欠けた角を再現したい際は、こちらのパテを使おう。

パテが固まってしまったら

　木工パテをいつでも使える状態に保つため、必要なだけ中身を取りだしたら、すぐに蓋やキャップを閉めよう。もし、保管しておいた水溶性パテが固まっていたら、湯に缶を浸すか、暖房器の近くに容器を置いて柔らかくしよう。

自分で作る

　自分で目止め剤を作るには、おがくずか、木工作品の研磨で出た粉じんを集める。たっぷりのおがくずに酢酸ビニール樹脂接着剤を少々混ぜ、粘りのあるペーストを作ろう――ただし、ニカワの豊富な目止め剤は染色やポリッシュがうまく乗らない傾向があるため、修理箇所が目立つこともある。ニカワの代替品には、使用する予定の仕上げ剤を少量使ってみよう。色合わせに問題のある場合は、親和性の染料を1、2滴か、粉末状の顔料を少々加えてみる。

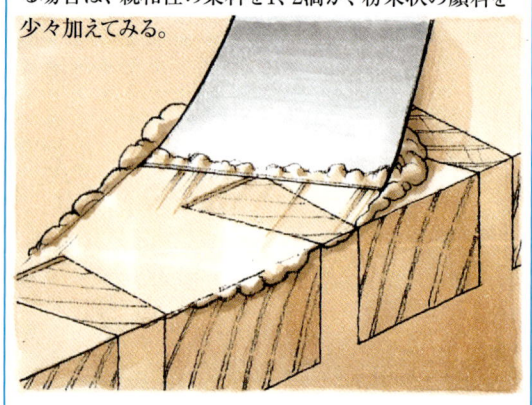

接ぎ手を隠す

　目止め剤を塗った胴付き線は目立つことが多い。むきだしになっている木口の隙間のある接ぎ手には、自家製の目止め剤でかなりの修復を加えることができる。

木工用パテを使う

木材に汚れがなく、乾燥していることを確認する。よくしなる充填ナイフを使用して、へこみにパテを押しつけ、わずかにパテが盛りあがった状態にして、固まってから研磨する。パテを埋める際は、割れに対して直角にナイフを引き、それから長さ方向に刃を走らせてパテをたいらにする。途中にある深い穴も埋め、次の塗布までにパテを固まらせる。

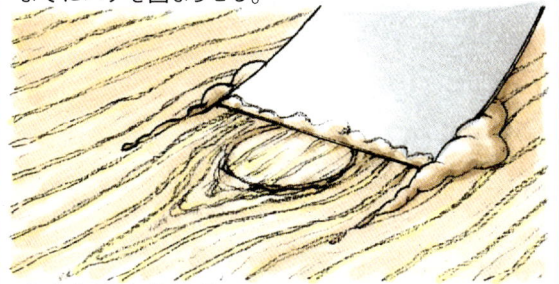

大きな穴を埋める

むく材の深い節穴に木栓を詰める。ストッパーが固まったら、修理箇所周辺の隙間を目止め剤でふさぐ。

パテに着色する

木工作品の色と合わせるため、見本でためしてみよう。まず、作品と同じ木材の木片に染料と仕上げ剤を塗る。木材のもっとも薄い部分の色に似たパテを選び、白いセラミックタイルをパレットにして、親和性の染色剤を1度に1滴ずつ落とす。充填用ナイフでパテと染色剤を混ぜ、望みの色にしよう。パテは乾くと色合いが薄くなるので、見本よりやや濃い色になるまで染色剤を混ぜる。

あるいは、粉末状の顔料を加えてパテに着色してもいい。パテが固すぎる場合は、親和性の溶剤を1滴落とす。

スティック状目止め剤

さまざまな色のある固形セラックのスティックは、溶かして木材の穴に流したり、破損した成型部分を再生するためのものだ。セラックはほとんどの表面仕上げの予備のストッパーとしても使用できる。しかし、酸触媒である低温硬化ラッカーの適切な硬化は妨げてしまう。

カルナウバワックスは顔料と樹脂を混ぜたもので、小さな虫食いの穴をふさぐ際は理想的だ。最終的にはフレンチポリッシュかワックスを塗る場合、ワックスの目止め剤を白木に使ってもいいが、木材の仕上げまでワックス使用は控えるほうがよいだろう。

ワックススティックは豊富に色が揃っている。必要ならば異なる色のスティックからワックスのかけらをカットして、はんだごての先端で溶かし、特定の色に合わせるといい。この目止め方法はボウモンタージュとして知られている。

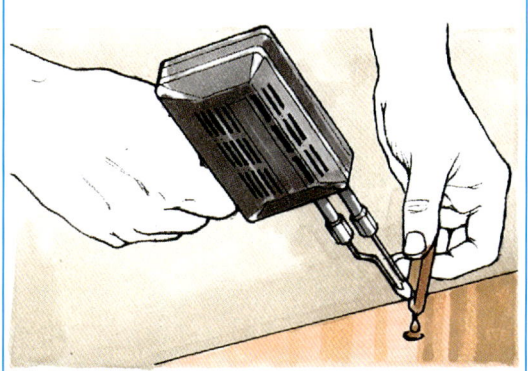

セラックで埋める

熱したナイフの刃先、あるいははんだごてを使い、セラックスティックの先端を溶かし、穴にしたたらせる。まだ軟らかいあいだに、水に浸した木工用のみでたいらに押しつける。目止め剤が乾いたらただちに、鋭いのみで余分な部分をはがし、細かい目の研磨紙で仕上げをする。

ワックススティックを使う

ワックスから小さくかけらをカットし、暖房器に置いて柔らかくする。ポケットナイフを使用して、ワックスを穴に押しつける。固まったらただちに、修復した箇所の余分を古いクレジットカードでこそぎ取る。折り曲げたサンドペーパーでならしたら、ワックスで埋めた箇所を磨く。

研磨材

　木材の表面は、ニス、ラッカーなどによる塗装をする前に、ほぼ完璧な表面仕上げをしておかなければならない。研磨材で木材をなめらかにこする方法は、望ましい結果を得るための一般的な方法で、木工作業者はそれぞれの目的に沿うよう、豊富な製品から選ぶことができる。研磨材でなめらかにできるのは木材そのものだけではなく、仕上げ剤もまた軽くこすって、付着した埃などのごみが固まって入りこまないうちに取り除くことができる。研磨紙という言葉どおりの製品はもはや製造されていないが、この用語はすべての研磨材を表現する言葉として今なお使われており、今日でも手作業や電動工具で木に"サンディングする（砂で磨く）"と言う。ほとんどの研磨材が、現在ではかつての研磨紙よりずっと優れた合成素材を用いて製造されている。

現代の研磨材の構造

　木工作業の研磨材は、不規則な形状の天然あるいは合成の砥粒を、通常は紙か布の基材に接着剤でつけたものである。能率、つまりその研磨材がどの程度木材を削れるかは、複数の要素に左右される。砥粒の大きさ、その基材が切れ刃を維持できる能力、その研磨紙が木粉と附着した接着剤による目づまりにどの程度抵抗できるか、そして砥粒がはがれることのない砥粒と基材の接着剤の質だ。

砥粒の種類

　コスト、仕上げをする材料の性質に基づいて、数多くの研磨砥粒から選ぶことができる。

粉砕ガラスは安価な研磨紙を作るために用いられ、主に塗装前の針葉樹材のサンディングに使う。他の研磨材と比較すると、ガラスはかなり軟らかく、すぐに摩耗する。ガラス紙は砂に似た色で簡単に見分けがつく。

ガーネットは天然鉱石で、砕くと鋭い切れ刃をもつ比較的硬い粒子となる。さらなる長所もあり、鈍くなる前に粒子が砕けて新しい切れ刃が出てくる。つまり、ガーネットは自己研磨（切れ刃の自生作用）しているのだ。赤みがかった茶色のガーネット紙は、高級指物職人が針葉樹材、広葉樹材のサンディングに用いる。

自己潤滑炭化珪素紙　炭化珪素紙

ガーネット紙

酸化アルミニウムは手作業、あるいは電動工具でのサンディングを目的として多くの研磨材製品に用いられている。いくつもの色が揃っている酸化アルミニウムはとくに密度の高い広葉樹材をきめ細やかに仕上げるサンディングに適している。

炭化珪素紙は木工作業用の研磨材のなかで、もっとも硬くもっとも高価なものだ。広葉樹材、中質繊維板、パーティクルボードのサンディングにうってつけの素材だが、ニス塗りと塗装の間で磨くための、研磨紙および研磨布の製造に用いられることがもっとも多い。黒から濃い灰色をした"耐水ペーパー"で仕上げをなめらかにする際は、潤滑剤として水を使用する。薄い灰色の"自己潤滑炭化珪素紙"は、水で傷む可能性のある磨きの場合用用いられる。

——— 酸化アルミニウム

1 紙あるいは布基材のロール
回転スピンドルサンダーにつけるのが経済的で理想的。

2 スラッシュドクロス
手で丸めることができ、旋盤の作業に用いられる。

3 ベロア基材の小片
はがして使う小片。研磨ブロックとサンダー用。

3

4

粉砕ガラス

基材は基本的に、加工のための砥粒を保持するためだけのものだ。それでも、基材の選択が研磨材の効果を発揮させるために重要となることもある。

紙は木工作業用の研磨材に使用されるなかで、もっとも安い基材だ。さまざまな厚み、あるいは"重み"のものを選択できる。柔軟性のある軽量紙は手作業でのサンディングに理想的だが、中程度の重さの基材は研磨ブロックに巻いて使用したほうがいい。さらに厚い紙は電動サンダーで使用する。紙の基材は厚さ、あるいは柔軟性がアルファベットで示してある。もっとも軽いAで始まり、Fまでが存在する。

布あるいは不織布の基材はとても頑丈で耐久性があり、なおかつ柔軟性のある研磨材となる。質のいい布基材ならば折っても割れたり、裂けたり、砥粒がはがれたりしない。布基材は電動サンダー用のベルトに、小片は回転スピンドルになめらかに付いて理想的だ。

不織ナイロン繊維のパッドは、酸化アルミニウムか炭化珪素の粒子を注入したもので、磨き仕上用に、あるいはワックスポリッシュやオイルの塗布に理想的だ。パッドの大きな空洞は詰まりを防ぐためで、流水で洗うことができる。研磨剤のコーティングはパッドの厚み全体に行き渡っているので、繊維が摩耗すると、あらたな研磨剤が現れるようになっている。研磨ベルト、研磨ロール、研磨ディスクはすべてナイロン繊維基材で作られている。ナイロン繊維は古い仕上げ材をはがす際に頻繁に用いられる。そしてさびないため、水性製品の適応に理想的だ。オークはスチールウールの細かな粒子が溝のある木目に入ると染みになる傾向をもつが、ナイロン繊維パッドなら安心して使用できる。

摩耗防止研磨パッドは木の染色、オイル塗布、ワックスポリッシュ塗布に最適だ。

発泡プラスチックは木工作品の形状に沿って均等な圧力をかけたい際に、二次的な基材として用いる。薄いスポンジに貼りつけた紙基材の炭化珪素剤で、ニス塗布された成形物、旋削された脚や軸を磨くのによい。

4 発泡プラスチックパッド
木工作品の形状に沿う柔軟性のあるパッド。

5 不織布パッド
研磨剤を注入したナイロン繊維

6 標準サイズのシート
サンドペーパーあるいは布シートの寸法は280×230mm。

7 フレキシブルパッド
成形物のサンディングに理想的。

ボンド

　ボンド、つまり基材に研磨材を貼りつける方法はとても重要だ。砥粒を定着させるだけではなく、サンドペーパーの特性に影響するからだ。

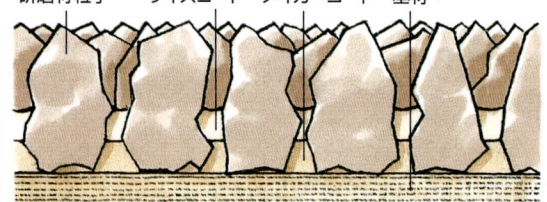

　研磨材の粒子を最初の接着剤の層、つまりメイカーコートにぎっしり埋めこみ、静電気で各粒子の方向を揃えて、基材に対して垂直に、鋭い切れ刃が上をむくように立てる。接着剤の第2層はサイズコートとして知られ、研磨材の上にスプレーして粒子が動かないように、そして横方向からの支持を与える役割を果たす。

　動物性ニカワはサンディングで発生する熱で柔らかくなるため、柔軟性が必要となる場合に使用される。一方、樹脂は熱に強いため、電動サンダーでの使用に理想的だ。防水性があるので、樹脂は耐水ペーパーの製造にも使われる。接着剤と合わせて使うことで、紙の特性が変化するのだ。たとえば、ニカワに樹脂を塗ると、比較的熱に強い紙となり、樹脂と樹脂との組み合わせ以上に柔軟性に富んだものとなる。

添加剤

　ステアリン酸塩、つまり粉石鹸の第3層で粒子と粒子の隙間を埋め、より細やかな研磨材表面を作り、木粉による早期の詰まりを防げる。ステアリン酸塩を始めとする化学添加物は、硬い仕上げ面を磨く研磨材の固形潤滑剤として機能する。

　サイズコート中の静電気防止の添加剤は目づまりを劇的に減らし、集じん装置の効率をあげる。この結果、木工作品、周辺、電動工具に埃がたまることが減る——同じ作業所で研磨作業と仕上げの両方をおこなう場合には、紛れもない利点だ。

研磨材の保管

　研磨紙や研磨布はビニールに包み、湿度から守る。シートは平らに、研磨面がこすりあわないように置いておこう。

研磨紙の粒度

　研磨紙は粒子の大きさにしたがって粒度が決まっており、超細、細、中、粗、あるいは超粗に分類されている。このカテゴリーでほとんどの目的に見合うが、正確な粒度の研磨材で作業を進めたい場合は、各カテゴリーが番号によってさらに区分されている。他にも、複数の異なる等級付けが存在するが、どれも正確な比較はできない。しかし、下記に表で示したとおり、高い番号がより細かい砥粒であることは確かである。

研磨紙の粒度

極粗	50	1
	60	1/2
粗	80	0
	100	2/0
中	120	3/0
	150	4/0
	180	5/0
細	220	6/0
	240	7/0
	280	8/0
極細	320	9/0
	360	—
	400	—
	500	—
	600	—

クローズドコート、オープンコート

　研磨紙は砥粒の密度によっても分類されている。クローズドコートの研磨紙は研磨粒子が詰まっており、研磨箇所に切れ刃がたくさんあるため、比較的早く研磨できる。オープンコートの研磨紙は粒子と粒子に大きめの隙間があり、目づまりが減る。こちらは樹脂の多い針葉樹材に適している。

手作業で研磨する

ほとんどの木工作業者は製作の早い段階では電動サンダーを使用するが、通常の仕上げは手でおこなうことが必要となる。成形加工がされている場合はなおさらだ。もちろん、すべての作業を手でおこなってもよい——時間が長くかかるだけである。

つねに木目と平行に研磨し、粗いものから細かい粒度へと研磨材を変えて作業して、各段階で前の研磨紙がつけたひっかききずを取り去っていく。木目と垂直に研磨材をかけると、除去が難しいひっかききずが残る。

ほとんどの部材は組み立てる前に研磨したほうが楽だが、接ぎ手の胴を丸くしたり、木を削りすぎてがたつきがでないように注意しよう。古い家具の復元では、角の研磨や、部材と部材のつなぎ目にある交走木理の研磨は難しいだろう。

研磨ブロック

研磨紙を研磨ブロックに巻くと、平らな表面の研磨がぐっと楽になる。端材の下側にコルクタイルを貼って自作してもいいが、既製のコルクかゴムの研磨ブロックはとても安価なので、わざわざ作ってもあまり意味がない。

ほとんどの研磨ブロックは、標準サイズのシートから切り取った研磨紙で包むようにデザインされているが、あらかじめ接着剤がついたものか、あるいはベロア基材で交換が必要になればはがせばよいタイプを購入してもいい。両面ブロックは片面が硬いプラスチックでできており、平らな表面のサンディング用だ。裏面のもっと柔らかなスポンジは成型加工物と曲線用。

ベルクロ張り発泡プラスチックブロック　両面ブロック　コルクブロック　ゴムブロック

研磨紙を切り取る

研磨紙を作業台の端で折ったら折り目から裂いて端切れとし、手持ちの研磨ブロックに合うようにしよう。ブロックの底に渡して巻き、両端は指で押さえておく。

平らな表面を研磨する

作業台の横に立ち、木目と平行にまっすぐ研磨ブロックをこすることができるように。弧を描いて腕を動かすと、交走木理にひっかききずを作りやすい。一定のペースで作業し、研磨材に仕事をさせよう。苦労して力を込めてこするより、頻繁に研磨紙を取りかえて同じ成果をあげたほうが賢い。

こうして表面をまんべんなくならす。つねに、研磨ブロックが木材に対して平らになるよう心がけよう。作品の辺近くではなおさらだ。そうしないと、鋭い角をうっかり丸くしてしまう。

木口を研磨する

研磨の前に、指で木口をなでて繊維の生長方向を見定めよう。右から左、左から右、どちらかがよりなめらかに感じられるはずだ。最高の仕上がりとするために、もっともなめらかな方向へ研磨すること。

小さな部材を研磨する

従来の方法では小さなアイテムを固定し研磨することは不可能だ。替わりに、研磨紙を平らな板に表向きにして貼りつけ、その部材をこする。

木端面を研磨する

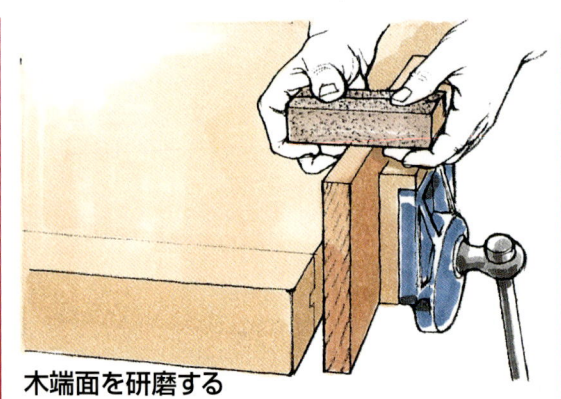

狭い木端面に研磨する際は、鋭い角を保つことがかなりむずかしくなる。研磨ブロックを水平に保つには、万力で作品を垂直にはさみ、研磨ブロックの両端をもって、指先を作品の両面に沿って走らせるようにして、研磨ブロックで前後にこする。最後に、角に沿って研磨ブロックで軽くなで、稜を取り除き、けばが出ないようにしておく。

木端面研削ブロックを作る

木端面研磨の正確性が、木端面に単板を貼る加工の際はとくに重要になってくる。2枚の板を一緒にねじで留めて木端面研削ブロックを作り、その間に研磨紙2枚を向かい合うようにはさむ。1枚は折って、直角になるように。そこで作品の木端面に沿ってブロックでこすり、同様にして隣り合った面にも研磨する。

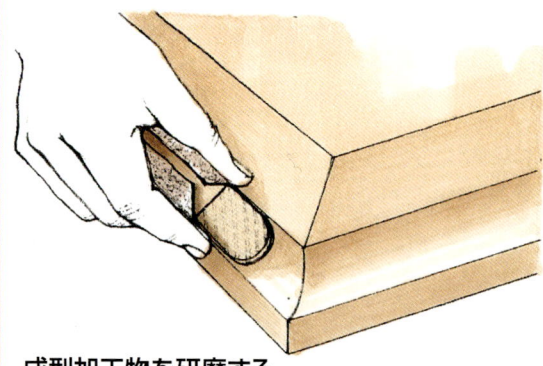

成型加工物を研磨する

成型加工物を研磨する際は、形づくったブロックかだぼを研磨紙で包む。また、発泡プラスチック基材の研磨紙か、ナイロン繊維注入パッドを使ってもよい。

研磨の手順

誰でも木工作品の準備や仕上げには、好みの手順があるだろう。しかし、次に挙げた手順は満足いく結果を得るために適した研磨材の粒度として、ガイドになるはずだ。異なる木材を使用するときは、この手順で実験と修正を繰りかえすことが必要になるだろう。つまった木目の広葉樹材をたとえば極細の研磨材で研磨する場合、表面をつや出ししようとすると、あとの木工染色が難しくなってしまう。

まず120番手の酸化アルミニウム紙かガーネット紙で始め次に180番手と、表面がなめらかに、研磨紙の跡が見えなくなって似たようなきずになってくるまで続ける。80〜100番手のように粗い研磨紙は、木材がかんながけされておらず、表面がまだじゅうぶんなめらかになっていない場合を除けば、使う必要はない。

木粉やこまかなチリをとるように作られたタックラグ（油を染みこませた布）を使ってサンディングの途中で木粉を取り除く。作品はつねに清潔に保っておかないと、研磨した粒子が比較的深いひっかききずを表面に残すこともある。

続いて、220番手を使って30〜60秒研磨したら、湿らせた布で表面を拭いて木目を目立たせる。10〜20分待つと、その頃には水分が細かな木の繊維を広げ、繊維がくっきりと表面に立ちあがっている。新しい220番手の研磨紙で表面を軽くなで、この"けば"を取りのぞき、完璧になめらかな表面にしよう。水性の製品を塗る前に木目を目立たせることは、とくに重要である。

この段階までこぎつければ、安心して仕上げ剤を塗ることができるが、作品に特別な仕上げをほどこしたかったら、ふたたび木目を目立たせて、320番手の研磨紙かナイロン繊維パッドを使ってごく軽くこするとよい。

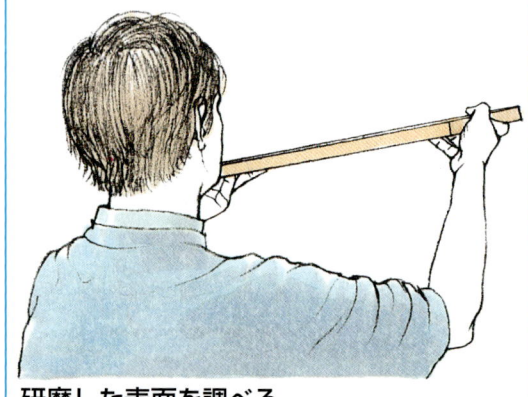

研磨した表面を調べる

作品を浅い角度で光にあて、表面が均等に研磨されているか、目につくひっかききずをすべて取り除いているか確かめよう。

サンダー

　今日では可搬式のサンダーのおかげで、木工作業は長く退屈なサンディングの作業から解放されている。しかし、オービタルサンダーでさえ、仕上げ剤をひと塗りして初めて目につく溝やひっかききずを残すこともある。念のために、サンダーをかけたあとは湿らせた布で木目を浮かびあがらせ、細かい研磨紙かナイロン繊維パッドを用いて手で軽く磨こう。

ベルトサンダー

　重研削ができるサンダーで、のこで挽いた木材でさえも削ってなめらかに仕上げることが可能だ。つまり、木材のかなりの量を瞬く間に取り除く工具なので、作品の木端面を丸くしすぎないよう、あるいは単板の層を摩耗させないように気をつけて扱う必要がある。研磨する面を枠でかこむ特別な付属品があれば、工具の傾きを防ぐことができる。これは作業がパネルの木端に近づいたときにとくに役立つ。ベルトサンダーはかなりの量の埃を発生させるので、集じん袋を取りつけるか、集じん装置を使用しよう（106ページを参照）。

ベルトサンダー

サンディングベルト

　布あるいは紙基材のベルトは平均60〜100mm幅のサンダー用に作られている。2つのローラーの間にぴんと張って使うもので、前方のローラーは張りとトラッキングを調整できるようになっている。レバー操作で張りを緩め、ベルトを交換できる。いったんサンダーが動き始めたら、小さなノブを調整してベルトがローラーの中央にくるようにしよう。ほとんどの用途に中〜細の研磨ベルトを用いる。

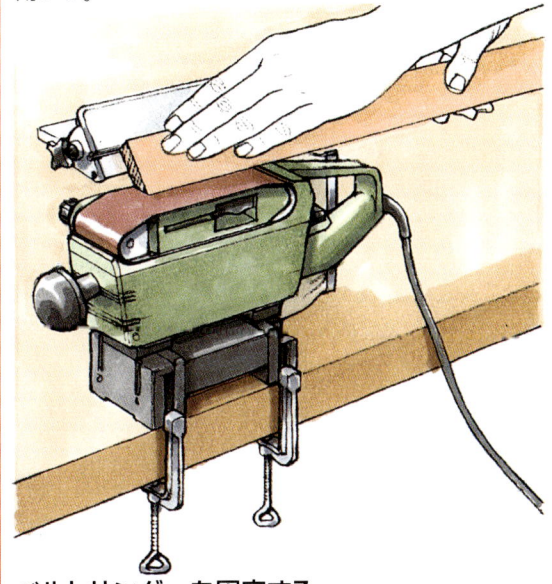

ベルトサンダーを使う

　細かな木工作業にベルトサンダーが必要となる場面はほとんどないだろうが、大きな角材や木質ボードをなめらかにする際は役に立つ。スイッチを入れ、ゆっくりと作品にむけてサンダーを降ろしていく。接触したらただちに、サンダーを前方へ動かす。サンダーをその場に静止させたり、表面に深く降ろしたりすると、木材に深い刻み目をつけてしまうだろう。木目の方向にのみ研磨して、工具を絶えず動かし続け、平行に重なりあうように使う。作品からサンダーをもちあげてから、スイッチを切ろう。

ベルトサンダーを固定する

　専用のクランプを用いて、可搬式のベルトサンダーを逆にして作業に取りつけ、動くベルトにあてて小さな部材を研磨することが可能だ。作品を支えるために定規を使う。また、端のローラーで作品を曲線に形づくることもできる。

103

オービタルサンダー

　順次目を細かくして研磨材を使ううちに（102ページを参照）、最後の軽いサンディングで木目を浮かびあがらせることが難しくなったら、その後どんな仕上げをする場合でも、オービタルサンダーを使えば仕上げに進める表面が作りだせる。ただし、クリア仕上げを塗る前に表面を念入りに調べ、ベースプレートの楕円形の動きによって発生する渦巻き状のひっかききずがないことを、かならず確認すること。オービタルサンダーのなかには、こうしたきずが発生しないよう、直線で前後する動きに切り替えられるものもある。

オービタルサンダー

オービタルサンダー（片手持ち）

オービタルサンダー（片手持ち）

　オービタルサンダーの大多数は両手で持つように設計されているが、軽量の片手持ちオービタルサンダーも市販されている。

サンディングシート

　研磨紙の小切れは特にオービタルサンダー用に作られている。ハーフ、1/3、1/4のシートがあり、これらは手作業の研磨用に作られた標準サイズの研磨紙を基準にしている（99ページを参照）。サンダーのベースプレートの各端に針金留めして使用するもので、小切れをベロア基材か自己研磨材にすると、やりやすい。目づまりを防ぐためにも、健康のためにも、集じん装置付きのサンダーを選ぼう。このタイプはベースプレートと研磨紙のどちらにも穴を開け、木粉をサンダーの下から直接集じん袋か電気掃除機に吸いこむ（106ページを参照）。

研磨紙に穴を開ける

　既製品のシートはとても手軽だが、普通の研磨紙の小切れかロールに穴を開ければ、かなりのコストを節約できる。軟らかい鉛筆と白い紙をもちいて、サンダーのベースプレートをこすりつける。この紙を同じ場所に穴を記した図案として、中質繊維板にドリルで穴を開け、短い尖ったぼうを糊づけしよう。

　ベースプレートに研磨材の小切れを取りつけたサンダーをこの自作穴開け器に押しつけ、研磨紙に穴を開ける。

104

オービタルサンダーを使う

　オービタルサンダーには過度の圧力をかけすぎないようにしよう。研磨材がオーバーヒートして、早々に木粉と樹脂で目づまりを起こしがちだ。サンディングが長くなってきて指先がちくちくする感覚が生まれたら、強くプレスしすぎているということだ。

　サンダーを木目に沿って前後に動かし続け、表面をできるだけ均等にする。スピード調節式サンダーを使用している場合は、粗い砥粒では最遅を選び、細かな研磨材に替えていくにしたがってスピードをあげていこう。

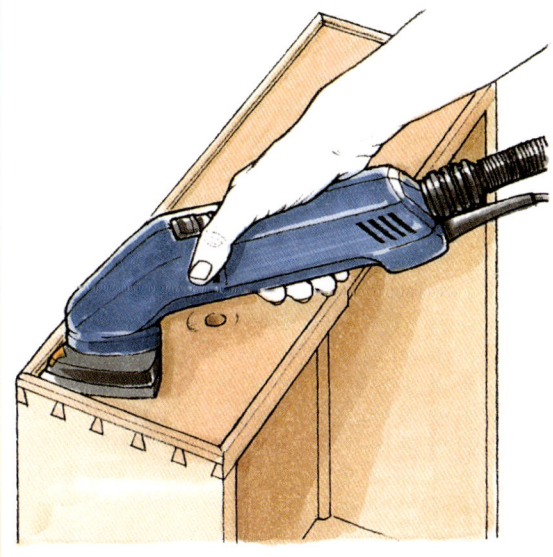

角をサンディングする

　よく設計されたオービタルサンダーならば、パネルや彫った溝の角や小口面まで研磨が可能なはずだ。しかし、さらにきつい角度や交走木理の留接ぎ部には、三角形のベースプレートをしたデルタサンダーを使用するといい。

コードレスサンダー

　充電式のサンダー使用には、明らかな利点がある。作品に引っかかる電気コードがないので、場所を移動しなくても戸外で作業ができ、電源供給を気にしなくていい。しかし、現在入手できるコードレスサンダーは数少ない。

ランダムオービタルサンダー

　通常の回転と偏心による動きを組みあわせたランダムオービタルサンダーは、木材表面からはっきり目につくひっかききずを事実上除去してくれる。円形のベースプレートにはサンディングディスクと、同様に通常のオプションも使える。オプションにはベルクロ紙あるいは自己研磨材のアタッチメント、そして集じん装置用の穴あき研磨紙がある。なかには、たいらな表面にもカーブのある表面にも対応できるサンダーもあるが、その他のサンダーはベースプレートの交換が効き、広い面やパネルの作業をする場合は研磨範囲を広げることができるタイプになっている。ただひとつの欠点は、角の研磨ができないことである（下を参照）。

ディスクサンダー

作業台に据え付けたサンダーは別にして、高級指物師はめったにディスクサンダーを使用しない。木材に深いひっかききずを残すことがあるからだ。しかし、旋盤職人はボウルや大皿のサンディングに便利なことから、ディスクサンダーと旋盤の動きの組みあわせを利用している。

可変シャフトサンダーとディスク

25〜75mm径の軸装着パッドが、可搬式の電動ドリルや、さらに操作しやすい可変シャフトサンダー用に製造されている。あらゆるサイズの発泡パッドに対応したベロア裏地のディスクや、布か紙を基材とした自己接着研磨材ディスクが市販されている。

- 可変シャフトサンダー
- 発泡パッド
- ベロア裏地ディスク

旋盤作業者のための利点

小型ディスクサンダーは木彫やひな形といった複雑な木工に理想的だが、何よりも適しているのは旋盤である。柔らかな発泡プラスチックパッドは、木製ボウルや壺の変化していく輪郭にぴったり沿ってくれるため、過度な熱を発生させることなく、均等な圧力分散が保証される。さらに重要な点は、ディスクも作品も同時に回転するため、木材にひっかききずをつけることなく、工具のきず跡をすみやかに取り去ることができるのだ。

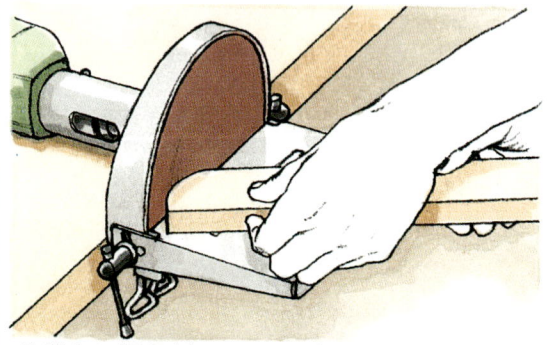

作業台に据え付けたサンダー

作業台にしっかりと据え付けた比較的大きな径をもつ金属ディスクサンダーは、木口の仕上げに申し分のない工具だ。粗い砥粒から細かな砥粒へと使用していけば、ディスクサンダーで作品の形づくりも可能だ。作品を動かし続け、木口を下向きに回転するディスク面に軽く押しつける。過度の圧力をかけると、木材を傷めることは避けられないので注意が必要だ。

粉じんから自分自身を守るために

サンダーは注意して使いさえすれば、とくに危険な工具ではない。しかし、サンディングによって発生する粉じんは健康に悪影響を与えることがあり、また、火災を引き起こす危険性もある。

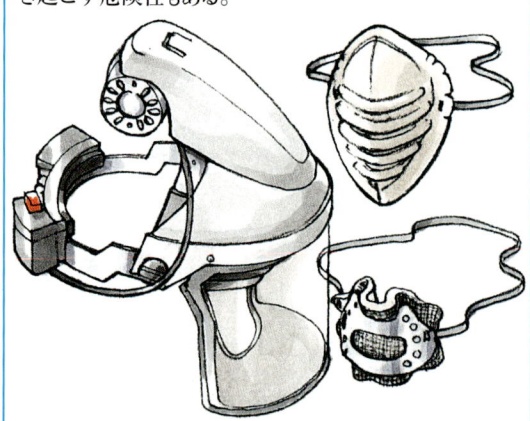

フェイスマスクとヘルメット

サンディングの際は、少なくとも鼻と喉を覆うフェイスマスクを着用すること。どんな工具店でも安価な使い捨てマスクを販売しており、サンダーをレンタルする際はキットの1部として通常ついてくる。

電池式の防塵マスクは軽量ヘルメットに組みこまれたもので、強い保護力を提供してくれる。顔を覆って空気は通すフィルターの奥から風が吹きだして、作業者が細かな粉じんを吸いこむことのないように設計されている。

集じん装置

高級サンダーは、粉じんを集じん袋に吸いこむ装置がセットになっている。袋は作業後、あるいは袋がいっぱいになると使い捨てできる。さらに効率をあげるには、サンダーを産業用の電気掃除機につなげ、作品の表面から直接粉じんが吸いこまれるようにするといい。専用の集じん装置は、サンダーのスイッチを入れれば動くようになっている。

木材を削る

木材をなめらかにするには、サンディングがもっとも使用されている方法ではあるが、粉じんを出すかわりに薄くこそぎとる方法で表面を削ると、さらに優れた仕上げが得られる。スクレーパーは精密な切削が可能なので、かんながけがうまくできない荒れ木目の部分に使える。

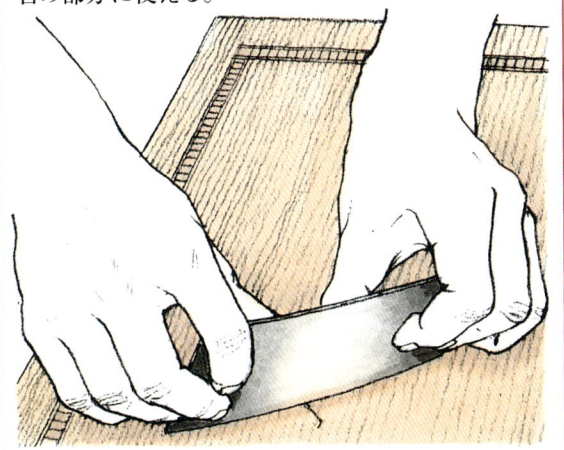

キャビネットスクレーパーを操る

両手でスクレーパーをもち、自分から見て向こう側に倒して、奥へとスクレーパーを押す。底近くを両手の親指で押してスクレーパーを曲げ、中央付近の狭い幅に力を集中させ、木材から小さなきずを削り取る。異なる湾曲や角度で試し削りをしてみれば、目的の作業に合わせて動きや削る深さを変えることができるようになる。

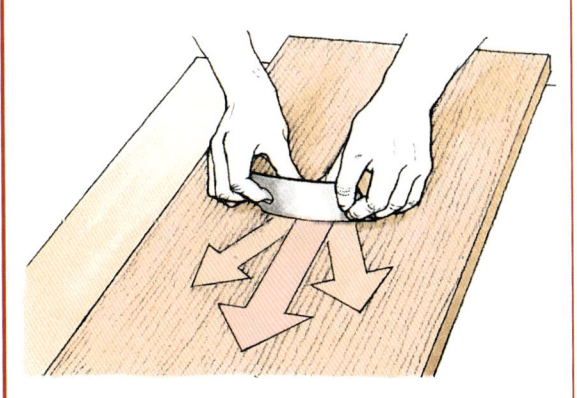

ウッドパネルをならす

パネルを削ってたいらにならすには、一般的な木目の方向へわずかに傾けたスクレーパーで2方向に動かす。仕上げに、木目と平行に木を削ってなめらかにする。乾いた接着剤や焼け板の小さな木切れを削る際も、同じ方法を用いて、深いくぼみを残さないようにする。

キャビネットスクレーパー

標準のキャビネットスクレーパーは、鍛鋼を小さな長方形にしただけのものだ。成形した表面や成形加工物には、多数の凹凸の曲率に適合するよう成形したものや雁首状のスクレーパーが必要である。スクレーパーを使用する前に、切れ刃の準備として研いでおくこと。

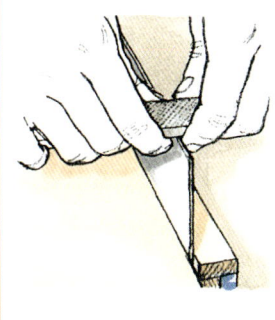

1 スクレーパーにやすりがけする

スクレーパーを万力にはさみ、長手方向の2辺をやすりがけし、完璧な四角にする。やすりが折れないよう、指先をスクレーパーの両面に保持してしっかり支えよう。

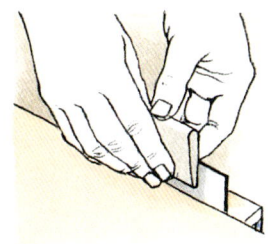

2 スクレーパーをホーニングする

やすりかけは油砥石で磨かねばならない粗い面を残す。油砥石をスクレーパーの面に平らに保ち、切れ刃の両面をこする。

3 バリをおこす

金属研磨器を使い、両方の切れ刃に沿って金属を伸ばす。適切な工具が入手できない場合は、丸のみのカーブした背を使おう。作業台の上にスクレーパーを押さえ、各辺をしっかりと4度か5度、研ぐ。スクレーパーと平行になるよう気をつけながら、金属研磨器を自分のほうへ引くとよい。

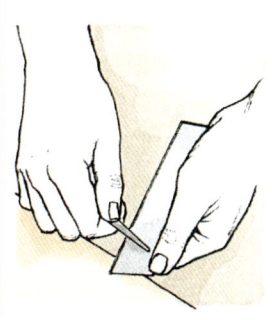

4 バリをとる

スクレーパーが使えるようにするため、おこしたバリは直角に折らなければならない。バリのできた辺に対してわずかに角度をつけて、金属研磨器をもち、スクレーパーに沿って2度か3度引く。

107

木目の充填とシーリング

オークやアッシュのように溝のある木目の木材は、半光沢ニスやオイルのような仕上げ剤を塗布すると見栄えがよくなるが、フレンチポリッシュやつやのあるニスは小孔に沈むため、まだらで穴の開いた表面となり、仕上げの質を損ねる。

理想的な解決法は、仕上げ剤を2度塗りすることだろう。最初の塗りのあとに小孔がふさがるまでこすってやるといい。ただし、この方法は時間のかかる大変な作業なので、木工作業者の大多数は市販の木工目止め剤を使う。ほとんどの一般用途の目止め剤は木材の色をした粘りのあるペーストだ。仕上げをしたい樹種に近い色を選ぼう。完全に合わせることが不可能であれば、つねに濃い色にしておくのが無難だ。

1 木工目止め剤を塗る

表面が完璧に清潔で埃がないことを確かめる。粗い麻布を丸めたものを木工目止め剤に浸し、勢いよく木材にこすりつける。円を重ね合わせるように。

2 余分な目止め剤を取り除く

目止め剤が完全に乾燥する前に、清潔な麻布で木目を横切るように拭き、表面から余分な目止め剤を取り除く。成型加工物や木彫にたまった目止め剤はとがった棒を使って掻きだそう。

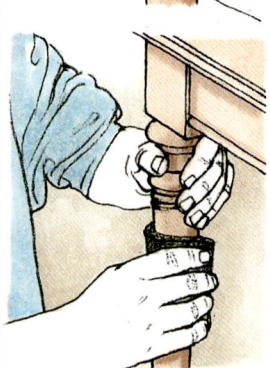

3 磨く

木工目止め剤を一晩置いて乾燥させ、220番手の砥粒の減摩炭化珪素紙を用いて、木目の方向に軽く研磨する。成型加工物や旋削されたものはナイロン繊維パッドの研磨材で磨こう。

着色した木材に充填する

木工目止め剤の塗布は木材に着色する前がいいのか後がいいのかは議論の余地がある。先に目止めをおこなうと、まだらで不均等な色になる可能性があるが、後から目止めをおこなうと、のちに研磨する段階になって色を摩耗させる危険がある。解決策の1つとして、まず木材を着色し、それからサンディングシーラーか透明フレンチポリッシュの2度塗りで保護するといい。それから、同じ親和性の木工染色剤と混ぜた木工目止め剤を塗布する。

サンディングシーラー

シーラーには複数の働きがある。多孔性の木材は仕上げ材を吸収してしまい、うまく仕上がらないものだが、ペイント用のプライマーとしてだけでなく、フレンチポリッシュ塗布前の下塗りとしても使用できるのがシーラーだ。中でももっとも重要なことは、セラックベースのサンディングシーラーは優れた保護層としての役割も果たす点だ。木工着色が溶脱することを防ぎ、最終仕上げの定着に影響するシリコンオイルのような汚れが残らないようにできる。このために、再生仕上げの前に分解した古い家具へのシーラーとして適応するとよい。しかし、サンディングシーラーには、ある種のニスがうまく定着しないので、作業を始める前にメーカーの指示を確認したほうがいい。

サンディングシーラーを塗る

木材をよく研磨したら、タックラグで埃をぬぐう。木材にサンディングシーラーを塗り、1～2時間置いて乾かす。目の細かい研磨紙、研磨パッド、0000番手のスチールウールで表面をこすってから、選んだ仕上げ材を塗ろう。多孔性の木材の場合は、シーリングコートを2度塗りしたほうがいい。

木材を漂白する

木工作業者は汚れを消すために漂白の力を借りることがたびたびある。この場合、シュウ酸溶液のように、比較的おだやかな漂白剤を使うべきである。しかし、木工作品の色を薄くすることが望ましい場合もあり、異なる樹種に似るよう着色したり、色を重ねて同じ色を作ることもあるだろう。木材の色を劇的に変えるためには、強い特性の2種類からなる漂白剤が必要だ。このタイプは通常キットとして販売されており、はっきりと表示されたプラスチックボトルに、片方はアルカリ、もう片方は過酸化水素が入っている。しかし、単にA剤、B剤、あるいは1剤、2剤とラベルが貼ってあることが普通だ。

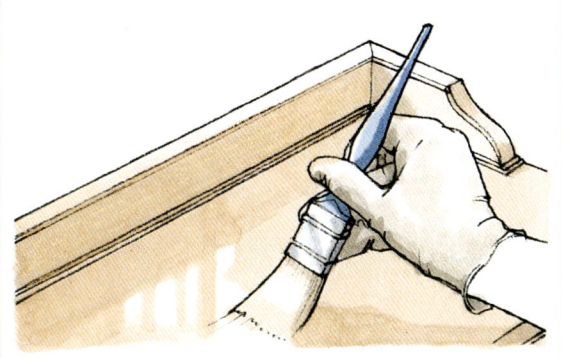

1　A液を塗る

A液をガラスかプラスチック製の容器に注ぎ、白い繊維かナイロンのハケを使って、作品に均等に塗布する。周辺の表面には飛沫がつかないように注意し、垂直面に塗る必要がある場合は、表面に縞が走ることを避けるため、底から塗り始めよう。

2　B液を塗る

5～10分し、木材の色が暗くなってきた頃に、別のハケで第2の液を塗る。化学反応が起こり、木材の表面が泡立つ。

漂白剤の効果をためす

木材によって漂白剤の効果が異なるので、実際に作業をしたい作品を処理する前に見本でテストをしてみるといい。おおまかな目安として、アッシュ、ビーチ、エルム、シカモアは漂白が簡単で、一方、マホガニー、ローズウッド、オーク、パダックといった木材は望みの色にするには2度の漂白が必要だろう。

3　漂白剤を中和する

漂白剤が乾いたら、あるいは着色の準備ができたらすぐに、1パイント(約0.57ℓ)の水に対し、ティースプーン1杯のホワイトビネガーを入れた弱い酢酸溶液で木工作品を洗い、漂白剤を中和する。作品は約3日間そのまま置いて、目違いしている表面を研磨し、仕上げ剤を塗る。

安全のための注意

木工漂白剤は危険物質だ。じゅうぶんな注意を払って扱い、子どもの手の届かない暗所に保管すること。

- 防護手袋、ゴーグル、エプロンを着用する。

- 漂白した木材を研磨する際はフェイスマスクを着用する。

- 作業所を換気するか、戸外で作業する。

- 漂白剤が飛んだときにただちに肌から洗い流せるよう、すぐ水が使用できるようにしておく。戸外で作業をする場合は、バケツに水を用意しておく。

- 目に漂白剤が入った際は、流水でじゅうぶんに洗い、医師の診断を仰ぐこと。

- 木材の上以外で、決して2つの溶液を混ぜないこと。それぞれの溶液にはつねに違うハケを利用する。使用しなかった漂白剤は廃棄する。

木材を染色する

　木材への透過性染色は、基本的にペイントやニスといった表面仕上げとは異なるものだ。比較的厚みのある顔料の層で表面に着色するペイントは、着色と同時に木工作品を保護しながらコーティングしているし、クリアニスはそもそも顔料のないペイントである。本物の透過性染色、つまりステインは木材に染みこみ、繊維の奥深くまで色をつける。しかし、保護の役割はまったく果たさないものであるから、染色した木工作品にはその後必ずクリア仕上げをおこなう。

　現代のステインは半透明の顔料を含んでいることも多く、これが木材の孔に入りこみ、木目を強調する。しかし、徹底的に試してみなければ、どの市販のステインが顔料を含んでいるのか知ることは困難だろう。メーカーは数多くのステインを生産しているが、特別な色を作りだす顔料を含んでいるのはその1部だけだからだ。顔料入りのステインを繰りかえし塗るとしだいに木材は暗くなっていくが、一方、顔料の入っていないステインを何度重ねても、色はほとんど変化しない。

1　油溶性ステイン、あるいはオイルステイン
2　アクリル性ステイン
3　変性アルコール
4　調合済み水性ステイン
5　ホワイトスピリット
6　調合済みアルコールステイン
7　濃縮水性ステイン
8　粉末状水性ステイン

油溶性ステイン、あるいはオイルステイン

もっとも広く使われている浸透性ステインで、油溶性の染料をホワイトスピリットで希釈したものである。油溶性ステイン、あるいはオイルステインとして知られているこの木工染色剤は簡単に均等に塗ることができ、木目を目立たせず比較的すぐに乾燥する。オイルステインには木材に似せたさまざまな色があり、混ぜあわせて中間の色を作りだすこともできる。オイルステインのなかには、透明の顔料を含んでいて褪色しにくいものもある。

アルコールステイン

昔からあるアルコールステインは、アニリン染料を変性アルコールに溶かして作ったものだ。アルコールステインのおもな欠点は、乾燥時間が極端に早いことで、均等な塗りが難しく、色を重ねると黒っぽい部分が残ってしまうことだ。メーカーのなかには調合済みのステインを供給しているところもあり、他に粉末状のステインもあって、これは自分で変性アルコールと少量の薄めたセラックを結合剤として混ぜて使うものだ。凝縮粉末状ステインは限られた濃い色しかないが、おもにフレンチポリッシュの色付けに使用される。

水溶性ステイン

水溶性ステインは市販の木工染色剤として専門店で手に入る。結晶や粉末の形状でも販売されており、湯に溶かして好きな色を混ぜることができる。水溶性ステインは乾きが遅いため、均等な塗りをおこなう時間がたっぷりあるが、仕上げ剤を塗る前に、水分が完全に蒸発するまでかなりの時間待たなければならない。目違いを起こし、粗い表面を残すため、水溶性ステインを塗る前には、木材を濡らして研磨することが必要不可欠だ（20ページを参照）。

アクリル性ステイン

水溶性ステインの新しい世代の製品。アクリル樹脂をベースにしたもので、木材表面に色の皮膜を残す乳濁液である。従来の水溶性ステインより目違いを起こす割合が低く、褪色しにくい。通常の木材に似た色だけでなく、アクリル性ステインはさまざまなパステルカラーも揃っている。しかし、こうしたパステルカラーを黒っぽい広葉樹材に重ねた場合、最終的にどんな色になるのか予想はむずかしい。すべてのアクリル性ステインは、密度の濃い広葉樹材に使用する際は約10％に薄めて使う。

親和性

親和性のあるステイン、あるいは染料を混ぜあわせれば、事実上どんな色でも作りだせるし、適切な溶剤を加えれば色の強みを押さえることもできる。しかし、浸透性のステインの重ねすぎには注意が必要だ。表面仕上げに似たような溶剤が含まれている場合は、乾かした後でも危険だ。ハケやパッドで表面を塗ったときに、この溶剤が色に反応して表面仕上げに"にじみ"が生じてしまう。

原則として、使いたい仕上げ剤に反応しないステインを選ぶか、まずステインにめばりをして溶剤が色を台無しにしないようにする。ステインにしろ仕上げ剤にしろ、作品に塗る前に、つねにまず試し塗りをすることにしよう。

油溶性ステイン

オイルステインはまずセラックかサンディングシーラーでめばりをしてから、ホワイトスピリット、テレビン、シンナーで薄めたニス、ラッカー、ワックスポリッシュを塗る。

アルコールステイン

アルコールステインはフレンチポリッシュ以外なら、どんな仕上げ剤の前にも使える。ステインを塗った表面が完全に乾いたら、清潔な布でやさしく拭いてから、仕上げ剤を塗ろう。

水溶性ステインとアクリル性ステイン

水で薄めたステインは48時間乾燥させてから、溶剤ベースの仕上げ剤を重ねよう。蒸発しきっていない水分が少しでも残っていると、仕上げ剤が白っぽく濁る。乾いた水溶性ステインは水溶性の仕上げ剤には反応しないはずだが、仕上げ剤を塗る前には目立たない場所でつねに確認してみるように。

水溶性ステインを塗る前に目違いに対する処理を忘れた場合は（102ページを参照）、ステインを塗った表面を220砥粒の研磨紙でごく軽くこすり、仕上げ剤の前にタックラグで埃を取る。

浸透性ステインを塗る

　表面を濡らしてみると、特定の木工作品がクリア仕上げ後にどんな見た目になるかだいたい予想がつく。それでも疑問に思えば、使用しようと考えている仕上げ剤を実際に少し塗ってみるといい。色の深みに満足できなかったり、他の部材に合わないと思えば、同じ木材の端材を準備して、作品そのものに着色する前にステインの試し塗り用板にするとよい（右ページを参照）。

染色の準備

　前もって作業の流れを計画し、乾く前に、ステインが周辺や乾燥中の色の部分に流れる危険を最小限に抑える。作品の両面に着色するのであれば、より重要性の低い面から先にステインを塗り、端をこえて染料が流れていったらただちに拭きとるようにする。

大きなパネルを染色する

　できれば、染色する面が水平になるよう作品を設置する。大きなパネルやドアを組みになった馬に載せ、どの面からも作品に近づけるようにする。

部材加工

　組み立てる前に部材を染色をすると便利なこともある。製品を仕上げていくあいだ、部材は置いて乾燥させればよいからだ。
　たとえば、調節可能な書棚を着色する際は、図のように釘かねじを両端に打つ。作業台に置いた小割板に釘の部分を載せ、表面が浮くようにする。ひっくり返して両面にステインを塗り、釘のついた端を下にして壁に立てかけステインが乾くまで置くといい。

塗布用具

　浸透性のステインを塗るには、品質のよい絵画用ブラシ、モヘアで覆った装飾用ペイントパッド、摩耗防止つや出しパッド（99ページを参照）、あるいは柔らかい布を丸めたものを使用する。適切な設備さえあれば、木工染料はスプレーしてもよい。木材にステインを塗る際は、ポリ塩化ビニールの手袋、古い衣類あるいはエプロンを着用しよう。

引き出しやキャビネットを支える

　引き出しや小さなキャビネットの内側をステインしたら、仕事を完成させるため作業しやすい高さに支える。小割板を片持ち梁式に使って、作業台にクランプ留めするか、一時的に釘を打つとよい。

木工作品に染色する調整をする

　じゅうぶんに作品を研磨し（101〜6ページを参照）、周辺よりも余計にステインを吸収するようなひっかききずや欠点がないことを確認。さらに、ステイン吸収を妨げる乾いた接着剤の跡があれば、こそぎとること。

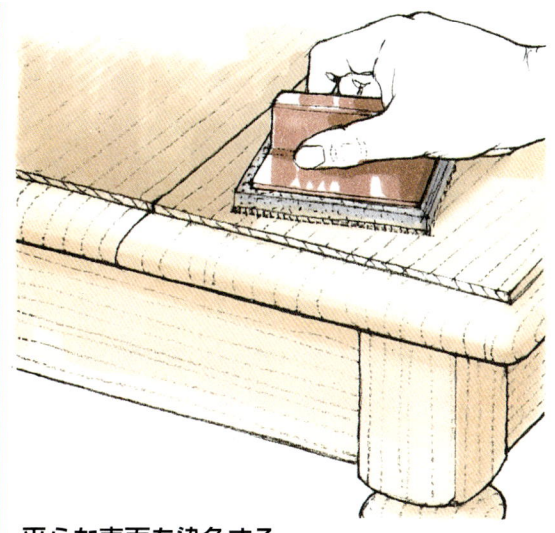

板に試し塗りする

　木工作品に着色するために、使用予定のステインで木材がどんなふうに見えるか確認するためし塗り用の板を作ろう。この板は木工作品と同じようになめらかに研磨しておくことが大事だ。粗い研磨だと木材が余計にステインを吸収してしまい、目の細かいサンドペーパーをかけた木材よりも濃く見えてしまうからだ。

　まず、ステインをひと塗りして乾かす。原則として、ステインは濡れているときよりも乾くと薄くなる。色がさらに濃くなるかどうか確かめるため、2度目の塗りをおこなう。最初に塗った箇所を1部分は残して、比較できるように。2度塗り以上に重ねると、ステインの吸収が不均等になって跡がつくだろう。

　顔料を含まないステインを2度塗りしても、色は見た目にわかるほど変化しないだろうが、異なる色のステインを重ねると変化させることができる。

　ステインが完全に乾いたら、ためし塗り用板の半分に、予定の仕上げ剤を塗ってみて、ステインの色にどう影響するか確かめよう。

平らな表面を染色する

　浅皿に作品全体に着色できるだけのステインを注ぐ。木目の方向にステインをハケやパッドで塗り、ステインが乾燥する前に湿った端面にも塗る。表面が終わったら清潔な布パッドを手にして、余分なステインを拭きとりつつ、作品全体に均等に行き渡るようにする。木材にステインが飛び散ったら、汚れに見えないようにすぐさまならす。

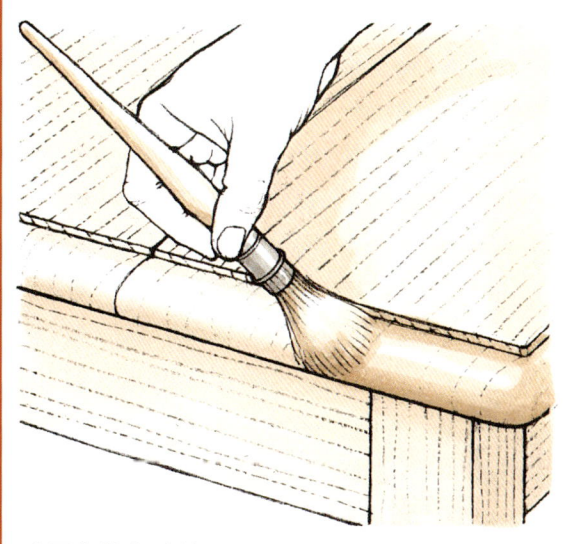

木口を染色する

　むき出しになっている木口は他の部分よりも黒っぽく見える。細胞の方向が浸透性のステインを余計に吸収するからだ。木口にホワイトセラックかサンディングシーラーを重ねると、濃い色がだいぶ薄れて見えるようになる。あるいは薄めたニスを使ってもいいが、こちらを塗るとステインする前に24時間待たなければならない。

クリア仕上げ　仕上げなし

クリア仕上げ　仕上げなし

試し塗り用板
顔料入りステイン使用

試し塗り用板
顔料なしステイン使用

単板に着色する

現代の単板貼りパネルはむく材と同じように扱うことができる。しかし、古い家具は単板に水溶性の動物性ニカワをまちがいなく使っているため、そうした作品に着色する際は、アルコールステインかオイルステインを使用しよう。

単板のパッチや接着前の象眼にもステインできる。ステインを入れた皿に単板の小片を浸して、均等に色づけするようにしよう。

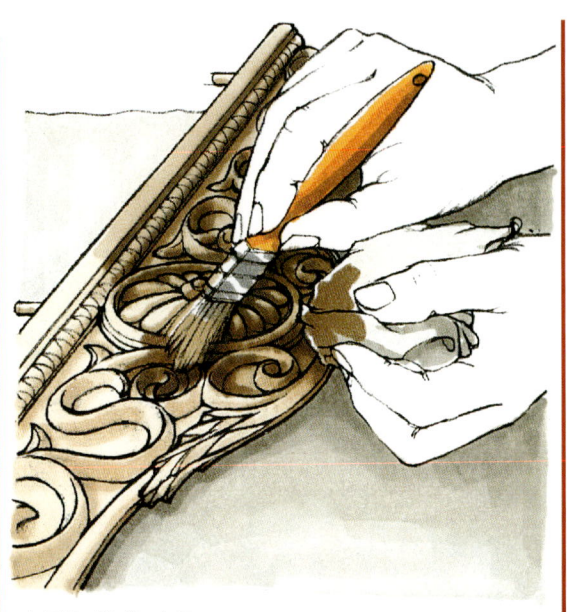

木彫に染色する

柔らかなハケを使い、浸透性のステインを木彫や複雑な成型加工物に塗る。余分のステインは布やペーパータオルでただちに吸いとる。

旋削された棒に染色する

スピンドルに布か不織ナイロンパッドでステインを塗る。玉縁や縦溝の部分にもじゅうぶんにすり込み、それから塗り用具で棒や脚を包んで、長さ方向にこする。

旋削されたものは木口がむきだしになっているため、均等に塗ることはかなり難しい。

針葉樹材を染色する

針葉樹材には、絵画用ブラシではなく布パッドでステインを塗ったほうがよい。吸収率の高い木材なので、最初にブラシを置いた際にたっぷりステインが染みこむハケでは、余分なステインが付着しやすく、黒い色の跡を作ってしまうからだ。

早材と晩材に吸収率の差があるため、針葉樹材にステインするとはっきりとした縞が現れる。色によってはとても魅力的にもあるが、とくに縞を目立たせたくなかったら、ニスステインかステイニングワックス（右ページを参照）を使ってみよう。

針葉樹材。浸透性ステインで着色したもの（左）と、ニスステイン

色を調整する

色の判断をどれだけ訓練しても、乾いたステインが思ったような色ではなかった事態に遭遇することは避けられない。もし暗すぎる場合は、いくらかステインを塗って押さえることもできるが、染料を重ねて色を変えようとするのは間違っている——こうすると、色がにごったり、仕上げに変な粘着性が出るだけだ。替わりに、色つき仕上げ剤を塗って、徐々に色を変化させよう。

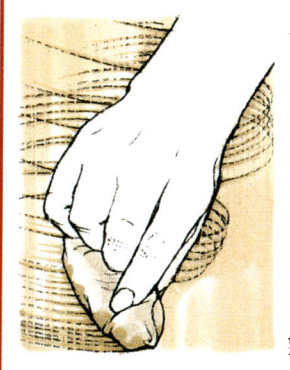

色つきセラックを重ねる

木材をフレンチポリッシュで仕上げるのならば、変性アルコールに粉末状のステインを少々溶かし、薄いセラックを加える。色つきセラックを塗り、乾かす。セラックを加えながら、色をアルコール性ステインで調整し、望みの色にする。

色つきニスを重ねる

作品にニスを塗るつもりであれば、色つきセラックをシーラーとするといい。あるいは、薄めたニスステインを使うか、薄めた木材染料をクリアニスに加える。薄く皮膜を張って、徐々に望みの色にしていき、最後に薄めないニスで保護膜を作ろう。

ワックスで色調を変える

色合わせがまだ完璧でなかったら、最終手段として、色つきステインワックスを加えてみることもできる。研磨ナイロンパッドかとても目の細かいスチールウールを使って、木目方向にワックスをこすり、柔らかな布でサテン仕上げにしよう。

色を取り去る

油溶性のステインを塗った木工作品が、乾くと縞になっていたり、色調が暗くなっていた場合は、表面をホワイトススピリットで濡らし、研磨ナイロンパッドでこする。表面を布で拭くと、ステインをいくらか浮きあがらせ、残りのステインがいくらか均等にならされる。この段階になると、木材がまだ湿っているあいだなら、ほかのより色の薄いステインを塗って色を変更できる。

成型加工物や木彫を強調する

木工作品に色を使って木彫や複雑な成型加工物に深みを加え、生き生きとさせることが可能だ。天然の損耗の効果を真似る方法で、かなりの量を加えて、アンティーク家具や復元家具、絵画の額縁などに使用できる。

ハイライト

突きでた部分から色をぬぐうもっとも単純な方法は、ステインが濡れている間におこなうことだ。あるいは、ステインが乾いてから研磨パッドで軽くその部分をサンディングし、溶剤に湿らせた布を使って埃を流すといい。

陰影をつける

もっとも複雑で浮かびあがった模様に、希釈したフレンチポリッシュ（左を参照）に黒っぽいステインを混ぜたものを使用して深みを加えることができる。ステインを塗った表面をめばりして、色つきセラックで彫られ刳り型になった部分に均等に色をつける。奥まった部分や溝のあいだにはあふれるようにつけよう。そしてすぐさま突き出た部分から柔らかい布を使用して色をぬぐう。セラックが乾燥したら、クリア仕上げ剤を塗ろう。

あらゆる場面に対応できる仕上げ

　かつて"ラッカー"や"ニス"という用語は特殊な仕上げを指したものだった。ラッカーは溶剤の蒸発によってすばやく乾燥するクリアコーティングの大部分を指す用語で、一方、従来のニスは樹脂、オイル、溶剤の混合液で蒸発と酸化の組みあわせで乾燥するものだった。今日では数多くの仕上げ剤がとても複雑になっており、もはやいずれかの分類にそのまま当てはまらなくなっているが、メーカーは顧客をとまどわせないよう、耳慣れた用語を使い続けている。この結果、"ラッカー"あるいは"ニス"のラベルは取り替えが効くほどになってしまった。そこでさらなる混乱を避けるために、本書では木工仕上げ剤を購入する際に、もっとも目につくだろう用語を使うことにする。

　ニスとラッカーの大半は透明から琥珀色の仕上げ剤で、まず木材を保護し、自然の木目を強調することを目的に作られている。染料や顔料を含んだ調整仕上げ剤もある。

透明なポリウレタンニスは強固で魅力的な仕上げ剤。あらゆる内装用木材表面に。

ニスを塗る

　油性、あるいはアクリルニスを塗る際は、習得すべき特殊な技術は特にない。それでも、基本的な手順をいくつか押さえておけば、気づきにくい落とし穴を避けることができるだろう。

平らなパネルにニスを塗る

　大きなパネルは対になった馬に乗せ、少しでもニス塗りが楽になるようにしよう。しかし、丁番でつながったドアや固定パネルの仕上げも、ニスが垂れないように気をつけさえすれば、ほとんど問題はない。

1　油性ワニスのシーラーを塗る

　油性ワニスを10％に薄め、白木に最初のシーラーとして塗る。ブラシで木材に塗ってもよいが、柔らかい布を用いて木目にこすりこむほうを好む作業者もいる。

2　最初のシーラーを磨く

　シーラーが固まるまでひと晩おく。それから作品を光がよく当たる場所に置き、ニスを塗った表面を調べる。水に浸した耐水ペーパーを用いて木目の方向に軽く磨く。ホワイトスピリットで湿らせ布で表面をきれいに拭いたら、ペーパータオルで乾かす。

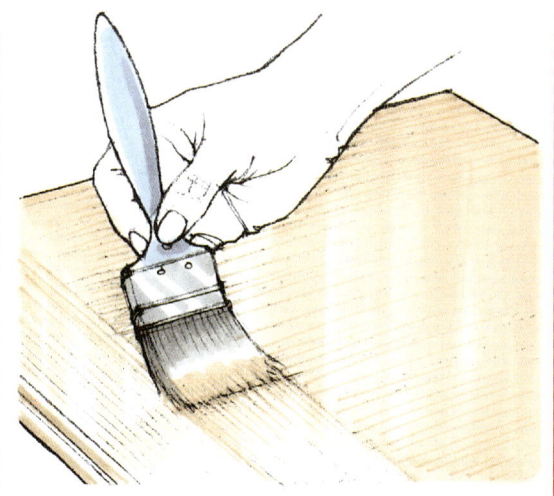

3　希釈しないニスをブラシで塗る

　木材に油性ワニスを塗る。最初は木目に沿って、次に木目に垂直に、均等にニスを広げる。つねにニスを塗り終わったばかりの方向へブラシを動かし濡れたニスの端をなじませるように。作業はきびきびと進めること。ニスは約10分で乾き始めるので、ふたたびニスを重ねると消えない刷毛目が残ってしまいがちだ。最後に、毛先だけを使ってごく軽く木目に沿って"塗り重ね"し、ニスを塗った表面をなめらかにする。垂直面にニス塗りしている際は、塗り重ねは下から上におこなう。

　油性ワニスは希釈しないものを2度塗りすればじゅうぶんだ。完璧に仕上げるには、それぞれの硬化の間に軽く磨いておけばよい。

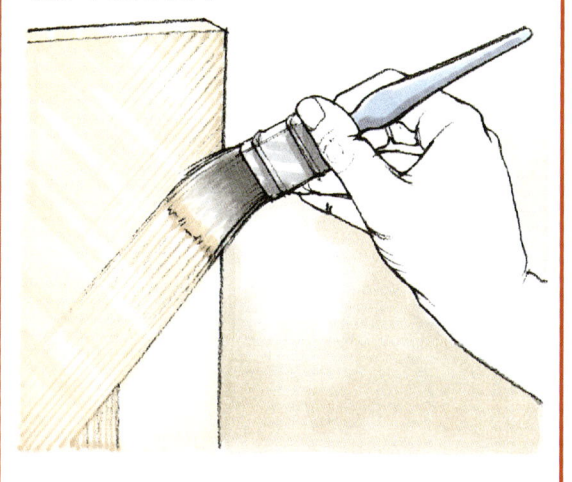

縁にニスを塗る

　パネルの縁に近づいたら、中央から外側にむけてブラシを動かそう。鋭い角度で毛が曲がると、ニスが縁に垂れてしまう。

　作品の縁でも、作業をしながら塗ったニスの端をなじませたほうがいいが、難しいようであれば、まずパネルの縁にニスを塗ってしまい乾燥させる。平らな面を塗るときに、布で端の刷毛目を拭く。

成型加工物にニスを塗る

ブラシを成型加工物上で横切らせて曲げると、たいていは表面にニスがしたたり落ちることになる。これを避けるために、成型加工物に沿う方向にだけブラシを動かそう。

パネルドアのニス塗りをするには、まず成型加工物部分だけにニスを塗り、それからパネルにニスを塗る。成型加工物は四隅から中央にむけてブラシを動かそう。

つや消しニスに光沢ニスを重ねる

つや消しと半光沢の油性ワニスは、とても細かな肌目の表面を作り、光を拡散させる。これで完璧に見えるが、木製椅子の肘やテーブルトップといった部材では、つや消しの仕上げに光沢ニスをこすることで、よりなめらかな感触の表面にすることができる。

000番手のスチールウールをワックスポリッシュに浸して、ニス表面をこする。ワックスポリッシュが乾くまで待ち、柔らかい布で磨くといい。

アクリルニスを塗る

油性ワニスに使用する技法の多くが、アクリルニスにも適応できる。目的は平らで均等、刷毛目のないコーティングを手に入れることに変わりないが、アクリルニスの化学的特性のために、油性ワニスとは多少扱いが異なる点もある。

木目に対する対応

木材が水分を吸収すると、繊維は膨張して表面に突きでる。水溶性であるために、アクリルニスにも同じ作用があり、最後の仕上げとしては完璧とは言えない。解決策として、まず木材を濡らしてなめらかに研磨してからアクリルニスを塗る方法（102ページを参照）、そしてニスの最初の塗りを、水に浸した目の細かい耐水ペーパーで研磨してから、2度塗りをする方法がある。それから水で湿らせた布で埃をぬぐう。タックラグでは油分の跡が残り、アクリルニスの次の塗りを台無しにしてしまう。

さびの問題

どんな水溶性仕上げ剤でも、木ねじや釘も含めて被覆のない鋼や鉄の部品に塗ると、さびを生じさせる。作品にニスを塗る前に金属の部品は取り去るか、あるいはそうした部品をワックス化した透明セラックで保護する。

アクリルニスを磨く際は、スチールウールを使用しないこと。細かな金属片が木目に埋まるとさびて、木材に黒い染みを残してしまう。銅のたわしか研磨ナイロン繊維パッドを使おう（99ページを参照）。

ニスを塗る

アクリルニスは均等に塗ること。まずは木目と垂直にブラシを動かし、次に油性ワニスの項目で述べたように均等に塗り重ねる（左のページを参照）。

アクリルニスは20～30分で乾燥するので、手早く作業を進める必要がある。とくに暑い日は仕上げに消えない刷毛目を残さないよう注意しよう。

2時間経ったら、2度塗りをおこなう。全体で3回塗りを重ねれば、最大の保護効果をじゅうぶんに発揮できる。

低温硬化ラッカーを塗る

従来のニスとはかなり異なる仕上げ剤だ。低温硬化ラッカーを塗ること自体は難しいものでも何でもないが、硬化過程が不適切な調整と不適切な手順で影響を受けることは、しっかり心得ておこう。

低温硬化ラッカーを混ぜる

勧められている量の硬化剤とラッカーをガラス瓶あるいは、ポリエチレン容器に入れて混ぜる。金属製容器や他のプラスチック容器では硬化剤と化学反応を起こしてしまい、ラッカーが固まらなくなる。

低温硬化ラッカーのなかには、硬化剤と混ぜてしまうと約3日しか使えないものがある。しかし、瓶をポリエチレンで覆い、輪ゴムで留めておけば約1週間使えるようにできる。このタイプのラッカーは容器を密封し、はっきりわかるようにラッカーと書いて冷蔵庫に保管しておけば、さらに長持ちさせることも可能だ。

ブラシの手入れ

低温硬化ラッカーは品質のよいハケで塗ろう。スプレーすることも可能で、広い面を発泡プラスチックのペイントローラーで塗ることもできる。

重合が終わると、低温硬化ラッカーは不溶性となる。よって、作業が終わったらただちにブラシを特殊なラッカー薄め液で洗おう。重ね塗りを待つ間、ブラシはラッカーの混合液に浸して吊し、ブラシごと容器全体をポリエチレンでくるんでおくとよい。

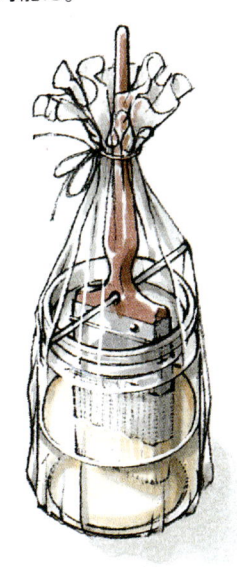

表面の調整をする

どんな木工仕上げでも、作業面もなめらかで清潔にしておくこと。ラッカーの硬化を妨げるワックスの跡はすべて取り除こう。木材に残った木工染料はラッカー内の酸触媒と溶けあうため、木材に着色する前にメーカーの注意書きを確かめよう。

低温硬化ラッカーを塗る

適切な換気が重要だ。とくに床にラッカーを塗る際は注意が必要だが、作業所は暖かく保つこと。

流れるような動きでラッカーを均等にブラシで塗ろう。濡れた端の部分では混ぜるようにする。心もち厚めに塗り、刷毛目や垂れが生じないように注意する。

ラッカーは約15分でふれても大丈夫なまでに乾燥する。約1時間経ったら、2度塗りをしよう。3度塗りが必要な場合は、翌日塗るようにしよう。

キズの修正以外は、各塗りのあとに磨く必要はない。ステアリン酸塩研磨材を使用する際は（100ページを参照）、特殊なラッカー薄め液で研磨した表面を拭く。

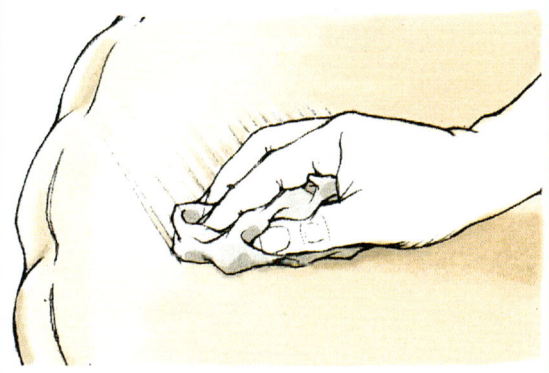

仕上げを変化させる

完璧な光沢仕上げを得るために、最後の塗りは数日かけて固まらせる。それから耐水ペーパーと水を用いて、表面全体がつや消しに見えるまで滑らかに研磨する。つや出しクリームをわずかに湿らせた布に取り、表面を高度に磨きあげてから、布で拭きとる。

半光沢仕上げにするには、固まったラッカーを000番手のスチールウールをワックスポリッシュで滑りやすくしてから磨く。つや消し仕上げにしたいならば、もっと目の粗いスチールウールを使おう。

市販のポリッシュ

　基本的な材料からワックスポリッシュを作ろうと、伝統主義者がときに熱心に勧めるが、すぐに使用できるすばらしいつや出し剤がこれだけ揃っているのだから、簡単な木工仕上げの手法の1部として、わざわざ込み入ったものを紹介しても意味がないようである。ほとんどの市販のワックスポリッシュは、比較的軟らかい蜜蝋と硬いカルナウバワックスを混ぜたもので、使用できる濃度になるまで、テレビンかホワイトスピリットで薄める。

伝統的なワックス仕上げはジョージアン様式の鏡台と椅子に趣のある古つやを与えている

ペースト状ワックスポリッシュ

ワックスポリッシュのもっとも一般的な形状は粘りのあるペーストで、ひらたい缶かアルミの容器に詰められている。ペースト状ワックスは布パッドか目の細かいスチールウールで塗り、他の仕上げ剤のさらなる理想の仕上げとして使われている。

液体状ワックスポリッシュ

オークのパネルの広い面積にワックスがけしたい場合は、クリームの濃度をした液体状ワックスポリッシュをブラシで塗るのがもっとも手軽だ。

床用ワックス

床用ワックスは表面をじょうぶにする目的で配合された液体状のつや出し剤だ。これはクリアポリッシュとしても使える。

色つきのつや出しポリッシュは、マツの家具の色に濃くを出す

シリコン

シリコンオイルは1部のポリッシュに加えて塗りとつや出しを容易にするが、ほとんどの表面仕上げ剤を弾いてしまうため、作品は将来、再仕上げを必要とする場合がある。あらかじめ木材にシーラーを塗布しておくことは賢い予防策だが、後日、除去剤を塗った場合、やはりシリコンオイルが孔に浸透することになるだろう。したがって、シリコンの入っていないワックスポリッシュで作品を仕上げるべきかどうか、最初に決めなておかなければならない。

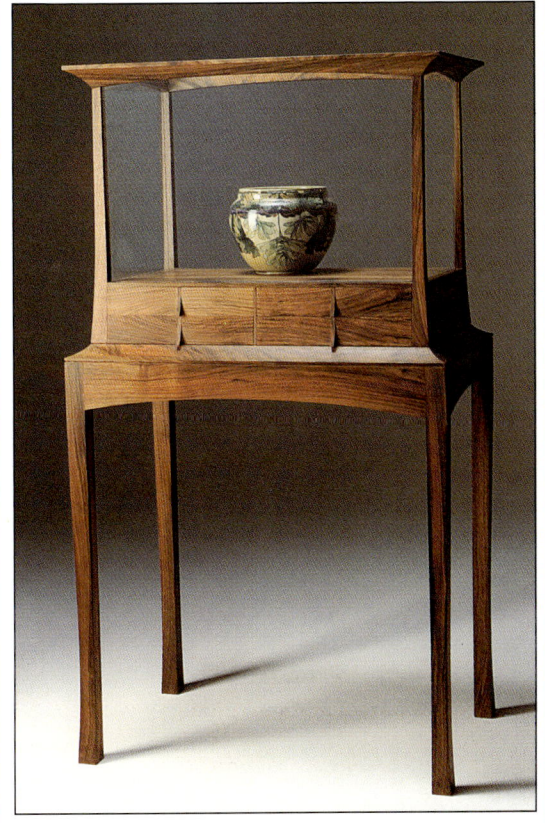

旋削加工物用スティック

カルナウバワックスは、旋削加工される木工作品に摩擦ポリッシュとして使用される硬いスティックの主な原料だ。

色つきポリッシュ

白から薄い黄色のポリッシュはそれほど木材の色を変化させないが、色を深くしたい際は大いに使えるポリッシュがあり、染色ワックスと呼ばれることもある。木工作品の色を変化させたり、ひっかききずや小さなきずを隠すために用いられる。濃い茶色から黒のポリッシュはオーク家具によく使われる仕上げ剤だ。ひらいた孔に入りこんで木目を強調し、古い木材の古つやを豊かに見せてくれる。温かなゴールドがかった茶色のポリッシュもあり、これはむきだしのパインの色にもどすもの。オレンジがかった赤いポリッシュは色褪せたマホガニーのつやをよみがえらせるものだ。ポリッシュに違う種類のポリッシュを重ねれば、さらに微妙な色合いと濃淡が生まれる。

椅子や長いすには、体温でワックスが軟らかくなり衣類を汚すといけないので濃い色のポリッシュは使用しないほうがいいだろう。同じことが抽斗内部の仕上げにも言える。長期間に渡って接触していると、デリケートな布が変色することがある。

ワックスを塗ったウォールナットの飾り棚

121

ワックスポリッシュを塗る

ワックスポリッシュでの木工仕上げは、これ以上ないというぐらい簡単だ。注意深く塗って、深い輝きが出るまで表面を根気よくつや出しさえすればいい。しかし、どんな木工仕上げとも同様に、作品をなめらかに研磨してきずは埋めるか修理しておかない限り、満足のいく結果は得られないだろう（96〜108ページを参照）。ホワイトスピリットで表面を拭き、油分や古いワックスポリッシュの跡を取り除こう。

とくに木目を埋める必要はないが、どんな場合でも、ワックスポリッシュを塗る前に、フレンチポリッシュあるいはサンディングシーラーを2度塗りしておけばベストである。木材に油性染料で着色している場合はなおさらだ。シーラーは目の細かな炭化珪素紙で磨こう。

ワックスポリッシュのブラシ

プロの木工仕上げ職人は硬いワックスポリッシュでのつや出しに、毛のブラシを使用することがある。清潔な靴磨きブラシで代用できるが、専用の家具用ブラシがあれば、握りやすい取っ手つきで難しい角やへこみでも磨きやすい。他にも、電動ドリルのチャックに取りつけられるよう設計された円形ブラシもある。このブラシを使用する際は軽くプレスするだけにして、表面でブラシを動かし続けること。

ワックスポリッシュ用のハンドブラシ

ドリルブラシ

靴磨きブラシ

家具用ブラシ

1　ペースト状のワックスポリッシュを塗る

布パッドをペースト状ワックスに浸し、最初の塗りをおこなう。重なりあうように円を描き、木目にワックスをすりこんでいく。表面を均等に覆ったら、木目の方向にこすって仕上げる。ポリッシュが広げづらいとわかったときは、暖房機に載せて缶を温めよう。

2　ポリッシュの層を作る

15〜20分ほどしたら、000番手のスチールウールか研磨ナイロンパッドを使って、さらにワックスポリッシュをこすっていく。木目に沿って作業しよう。そして24時間作品をおいて、溶剤を蒸発させる。新しい作品には全部で4〜5回のワックスを塗ろう。塗るたびに一晩おいて固まらせてからにすること。

3　ポリッシュでつや出しする

ワックスがじゅうぶんに固まったら、柔らかな布パッドで勢いよくつや出ししよう。なかには家具用ブラシを好む人もいる。とくに木彫作品の場合、そのほうがよい輝きが出るからだ。最後に、磨いた表面全体を清潔な布でこすっておく。

1　液体状ワックスポリッシュでつや出しする

浅皿にポリッシュを入れて、木材にたっぷりブラシで塗っていく。できるだけ均等にワックスを広げよう。約1時間おいて溶剤を蒸発させる。

2　次の塗りをおこなう

柔らかな布パッドで、2度目の塗りをおこなう。最初は円を描くように、最後は木目と平行にこすって仕上げる。1時間経ったら、必要であれば3度目の塗りをおこなう。

3　表面を研磨する

ポリッシュが固まるまでできれば一晩待って、清潔で柔らかな布を用いて作品を木目の方向に磨く。

ワックス仕上げ作品の手入れ

ワックス仕上げの色と古つやは、仕上げを定期的に手入れしてやれば時とともに深みを増していく。水をこぼした場合はただちに拭きとり、磨きあげた表面は頻繁に拭いて汚れを取り除く。そうしないと、ワックスに沈みこんで、仕上げを変色させる可能性があるからだ。柔らかい布で磨いても満足のいく輝きが出ない場合は、新しいワックスを塗る時期がきたということだ。あまりにもくたびれたワックスポリッシュはホワイトスピリットで除去してから、新しいワックスを塗ってもよい。

ワックスの上掛けをする

典型的なワックスポリッシュの円熟味のある仕上げにしたいが、もっと長持ちするものをと思ったならば、ポリウレタンニスか低温硬化ラッカーの上に薄めたワックスを上掛けするとよい。

000番手のスチールウールか研磨ナイロンパッドをペーストポリッシュに浸し、仕上げをした表面を長くまっすぐにパッドを動かしてこすっていく。木目と平行に。ワックスが固まるまで15～20分おいて、柔らかい布でつや出ししよう。

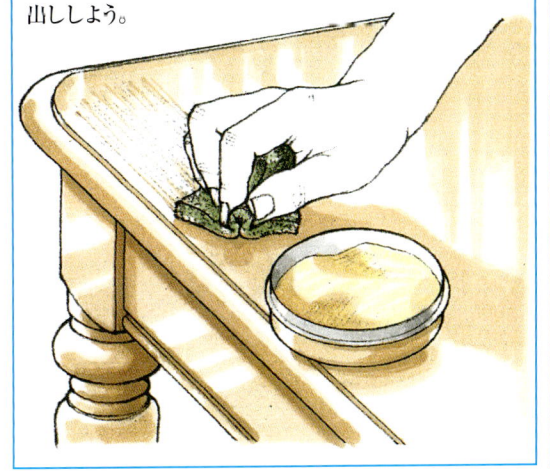

オイル仕上げの種類

　木工作業者のなかには、オイル仕上げはチークやアフロモシアのような広葉樹材にのみ適していると考えている人がいる。オイル仕上げが"スカンジナビアン様式"の家具とインテリアデザインを連想させることが大きいようだ。実際には、オイルはどんな木材にも使用できる魅力的な仕上げで、とくにマツに使用すると深みのあるゴールドへと変身する。

長持ちするゲル化オイルで仕上げたマツ材の階段

亜麻仁油

伝統的な亜麻仁油はアマの植物から採れるもので、現在では木工仕上げに使用されることはほとんどなくなった。おもに、乾燥まで3日かかることが原因だ。

メーカーはこのオイルを加熱し乾燥剤を添加することで、乾燥時間を約24時間まで短縮した"ボイルド"亜麻仁油を製造している。新旧どちらのオイルも、外装仕上げには不向きだ。

桐油

チャイニーズウッドオイル（中国桐油）としても知られるオイルで、中国と南アメリカの1部になるナッツから採ったもの。桐油仕上げは水、アルコール、酸味のある果汁に耐性があり、乾燥までに約24時間かかる。外構材の木製品に適している。

仕上げオイル

市販の木工用仕上げオイルは桐油をベースに、耐久性を増すために合成樹脂を加えている。気温と湿度に左右されるが、仕上げオイルは約6時間で乾燥する。チークオイルやダニッシュオイルと呼ばれることもあり、あらゆる環境にすぐれた仕上げ剤だ。油性ワニスやペイントのシーラーとしても使用できる。

非毒性オイル

純粋な桐油は非毒性だが、メーカーのなかには金属製乾燥剤を添加しているところもあるため、メーカーが安全をとくに保証していない限り、食物と接触する部分に桐油を使用しないこと。代案として、通常のオリーブオイルや、食品保存場所やまな板の仕上げ用に販売されている特別な"サラダオイル"を使用できる。

ゲル化オイル

天然オイルと合成樹脂を合わせたものが粘性のあるジェル状で販売されている。オイルというより、軟らかいワックスポリッシュに近い材質感だ。布パッドに絞りやすいよう、チューブに入っている。ゲル化オイルは白木に塗ることができ、他のオイル仕上げと異なり、ニスやラッカーといった既存の仕上げ剤の上に重ねることができる。

表面の調整をする

オイルは浸透する仕上げなので、先にニスやペイントをした木工作品に塗ることはできない。もし使いたい場合は、除去剤を用いて表面の塗料をはがそう。以前はオイル仕上げの木材だった場合は、ホワイトスピリットをつかって古いワックスを表面からぬぐい去る。白木の場合はじゅうぶんに調整をしてから（96～108ページを参照）、なめらかになるまでかなり目の細かい研磨紙で研磨しよう。

1　白木にオイルを塗る

まず容器を振ってから、浅皿にオイルを移す。かなり幅広のハケを用いて、表面をじゅうぶん濡らしながら最初の塗りをおこなう。オイルが浸透するまで約10～15分おいて、余分なオイルを柔らかい布パッドでぬぐいながら、均等に広げる。

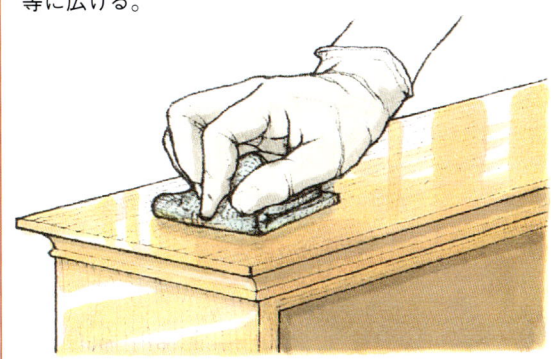

2　パッドで追加のオイルを塗る

6時間経ったら、研磨ナイロン繊維パッドを用いて、だいたいの木目の方向にオイルをこすっていく。余分なオイルはパーパータオルか布パッドで拭きとり、一晩おく。同様にして3度目の塗りをおこなう。

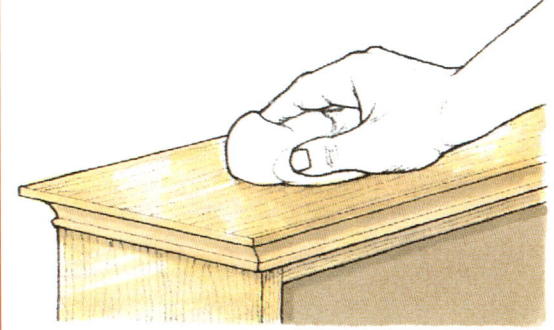

3　仕上げを変化させる

最後の塗りがじゅうぶん乾くまでおき、布で表面を磨いて柔らかな輝きを出す。

なめらかな半光沢仕上げにするには、清潔な研磨ナイロンパッドか目の細かいスチールウールを用いて、内装木製品にワックスポリッシュを上掛けする（123ページを参照）。

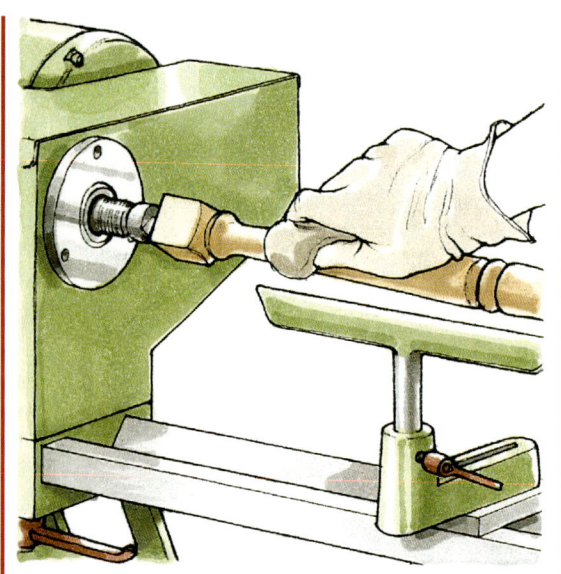

オイル仕上げ作品の手入れ

オイルを塗った表面はとてもじょうぶだ。通常の使用条件ならば、時折湿った布で表面を拭く程度でとくに手入れをする必要はない。色褪せた場合は、まずは上掛けしたワックスを取り徐いて軽くオイルを塗るとよみがえる。オイルを塗る前には表面を拭いて乾かそう。

外構材には定期的にオイルを塗ろう。少なくとも1度塗りを全面におこなって手入れをすることだ。

旋削された作品にオイルを塗る

旋削された作品を研磨してから、旋盤のスイッチを切り、木材にオイルをつける。しばらくおいて染みこませてから、余分なオイルをぬぐい、ふたたび旋盤をスタートさせてゆっくりとまわる木工作品に布パッドを押しあててつや出しする。

ゲル化オイルを塗る

白木にゲル化オイルを塗る際は、柔らかい布パッドを用いて、ふれても大丈夫になるまで木目の方向に勢いよく磨こう。通常は2度塗りでじゅうぶんだが、さらにゲル化オイルを重ねると、木材は摩耗しにくくなり、熱い皿にも耐えられるようになるだろう。塗りの間は4時間あけよう。前の塗りの上には、ゲル化オイルを控えめにつける。

ゲル化オイルは乾燥すると自然に柔らかな輝きが生まれるため、ふたたび作品をつや出しする必要はないが、作品を実際に使用するまでに48時間は待とう。

時折作品を湿った布で拭いて、表面から跡や指紋を拭きとっておく。

火災に対する警戒

オイルは酸化すると熱を発生するため、オイルを浸した布は突然炎を出すこともある。使用済みの布は広げて、戸外でじゅうぶんに乾燥させよう。あるいは水を張ったバケツにひと晩つけてから、廃棄する。

失敗と修復

木材にオイルを塗る作業はとても簡単なので、成功は事実上約束されたようなものだ。気をつけることは、木工作品の調整を適切に行ない、オイルがべとつくようになるまで放置しないことだ。

表面がべとつく
原因：表面に塗ったオイルを1時間以上放置すると、粘り気が出てべとつく。
対処法：この段階になってしまったら、オイルを拭きとろうとはしないこと。研磨ナイロンパッドを使って、新しいオイルを表面に軽く上掛けしてやる。それから布パッドか吸水性のよいペーパータオルで拭きとろう。

ホワイトリング
原因：熱い皿を置くと、オイル仕上げの表面にホワイトリングを残すことがある。
対処法：このキズは通常一時的なものだから、すぐに自然と消えていく。

索引

あ
アクリル性ステイン　111
アクリル性ニス　118
麻布　108
あて止め　68, 72, 76, 77, 79, 84, 85, 86
油砥石　37
油砥石（加工）　36, 107
油ワニス　117
亜麻仁油　125
蟻勾配　90
アルコールステイン　111
安全性, 作業場　9
板ぎり　43
陰影をつける　115
ウォールラック　8
馬　23
ウレタン樹脂ニス　123
オーガー・ビット　41
オイル・ステイン　111
オイル・フィニッシュ　111, 117, 124-126
応急処置　9
オフセット・ドライバー　44
折尺　14
折りたたみ式作業台　8

か
逆転機能　42
家具職人の作業台　10-11
斜角定規　16-17, 81
罫引き（節罫引き）　18, 83
革砥　39
かんな
　かんな刃と裏金　33-34
　きわかんな　31, 77, 79, 83
　金属製　35
　小型きわかんな　31
　仕上げかんな　30
　しゃくりかんな　30, 31, 71
　ジャックプレイン　30
　スクラブかんな　32
　使い方　35
　手入れ　34
　トライ　70
　フロッグ　33
　ベンチプレイン　32-35, 70
　豆かんな　31, 77
　溝　31, 71
　溝かんな　31, 80-81
　木製　33, 35
木
　形成層　50
　光合成　48
　広葉樹材　48, 52, 55, 57, 60, 64, 87, 98-99, 102, 124
　細胞構造　48, 54
　師部　50
　識別　48
　樹心　50
　樹皮　50
　常緑樹　48
　植物学的分類　55
　心材　50-51
　粗皮　50
　針葉樹　48
　針葉樹材　48, 52, 57, 60, 64, 70, 87, 94, 98, 114
　早材　51, 54-55, 114
　年輪　50-51
　晩材　51, 54-55, 114
　被子植物　48-49
　辺材　50-51
　放射状組織　50-51
　落葉樹　48
　裸子植物　49-50
木口　77, 78, 79, 85, 89, 96, 101, 106, 113, 114
木槌　28
キャビネットスクレーパー　107
曲線用罫引き　18
切りつめ柄ツイストドリル　43
金属研磨プレート　37
釘締め　28
組み合わせ定規　16, 19
繰り子　40-41
クロスピーンハンマー　28
削り台　68
罫引き　18-19, 74, 80, 82, 85-87
ゲル化オイル　125-126
健康と安全　9, 106, 109
研磨
　オービタルサンダー　103-105
　オービタルサンダー（片手持ち）　104
　可変シャフトサンダー　106
　木口　101
　木端面研削ブロック　102
　研磨紙に穴を開ける　104
　研磨の手順　102
　コードレスサンダー　105
　木端　102
　作業台に載せるサンダー　106
　サンダー　103-106
　サンダー用ディスク　105-106
　サンディングシーラー　108, 111, 113, 122
　サンディングシート　104
　サンディング・ブロック　101
　集じん器　106
　隅　105
　平らな面　101-102
　小さな物の研磨　101
　ディスクサンダー　106
　手でおこなう　101-102
　デルタサンダー　105
　ベルトサンダー　103
　モールディング　101-102
　木目の交差する留め接ぎ　105
　ランダム・オービタルサンダー　105
　布基材　99
研磨材
　ガーネット紙　98, 102
　紙基材　99
　研磨紙　98-100, 108
　酸化アルミニウム紙　99, 102
　サンドペーパーの粒度　100
　樹脂　100
　スチールウール　108, 118, 119, 122, 123, 125
　ステアリン酸塩化　100, 119
　耐水ペーパー　37, 99, 117, 118, 119
　炭化珪素紙　98-99, 108, 122
　添加剤　100
　ナイロン繊維パッド　99, 103, 108, 115, 121, 122, 123
　ニカワ　100
　発泡プラスチック基材　99
　粉砕ガラス　98-99
　保管　100
　ボンド　100
研磨紙　98-100, 104, 108
ゴーグル　9
コード式ドリル　42-43
コーナークランプ　45, 69, 70, 94
工具
　角度定規　16-17
　かんな　30-35, 70, 71, 77, 79, 80-81, 83
　機械　66
　クランプ　69, 70, 94
　罫引き　17, 18-19, 74, 78, 80, 82, 83, 85-87, 88
　研磨　36-39
　収納　12
　手工具の収納　8-9
　定規　14-15
　白書き　80, 82, 84, 88
　スクレーパー　107
　直角定規　16-17
　手のこ　20-27, 69, 78, 80, 82, 85, 87, 91
　電動工具　99
　電動ドリル　42-43
　ドライバー　44
　のみと丸のみ　29, 38, 39, 81, 88-89, 91, 97
　ハンドドリル　40-41
　ハンマーと木槌　28
　巻き尺　14-15
　木工用クランプ　45
　ラック　9, 12
合板　60-62

さ
作業台　9-11
作業台下の収納　8-9
作業台天板　10-11
作業場　8-9, 12
作業場の収納　8-9, 10, 12
座ぐり付きドリルビット　43
座ぐりビット　41, 43
さび　118
G字型クランプ　45
仕上げオイル　125
刺激性のにおい　8-9
自在錐　41
車庫を作業場に　8-9
十字ドライバー　44
斜角定規　16-17, 81
修復剤　96-97
手工具, 収納　8-9
接ぎ手
　蟻形相欠き接ぎ　87
　蟻形追入れ接ぎ　81
　追い入れ接ぎ　80
　矩形相欠き接ぎ　85
　組　75
　組み立て式　44
　組み接ぎ　68
　きわはぎ　94
　締めつけボルト　93
　十字形相欠き接ぎ　84, 86
　修正　96
　小根付き追入れ組み接ぎ　83
　垂直面の接合　68, 72
　だぼ接ぎ　72-74
　だぼはぎ　74
　打付け　68-70
　T字形相欠き接ぎ　86
　T字形三枚接ぎ　78
　カーカス突きつけ接ぎ　75
　肩付き追入れ接ぎ　82
　矩形三枚組接ぎ接ぎ　76
　留形打付け接ぎ　69
　留め接ぎをした木口　69
　留め接ぎ　69
　ねじ込みナット　93
　平はぎ　70, 94
　フラットフレーム　68
　ブロック型留め具　93
　ほぞ穴とほぞ　78, 88-89
　ボルトとナット　91
　本実核はぎ　71
　留形3枚組接ぎ　77
　通し蟻組接ぎ　90-91
　包み接ぎラップ　79, 87
　通しほぞ接ぎ　88-89
定規と巻き尺　14-15
照明, 作業場　9
白書き　76, 78, 80, 82, 84, 88
人工砥石　36-37
垂直ドリルスタンド　42
水溶性ステイン　111
スチール製定規　14
ストッパー　42, 74-75
スピンドル　114
角　102, 117
墨つけ　80

絶縁, 作業場 8
接着剤
　化学反応 46
　合板 61
　酢酸ビニール系接着剤 46, 96
　樹脂 100
　蒸発 46
　速乾性 94
　耐水性 46
　ニカワ 46, 100, 114
　木工 46
　ユリアホルムアルデヒド樹脂 46
　レゾルシノール樹脂 46
セラックニス 96-97, 108, 111, 113, 115, 118
旋削部材 114, 126
センタービット 41
ソフト・アーカンサス砥石 37

た
ダイヤモンド砥石 37
タックラグ 102, 108, 111, 118
棚 8, 12, 80-83
だぼ 72, 75, 85, 92, 93
だぼ用ジグ 72-74
だぼ用ビット 41
炭化珪素粒子 37
彫刻 114-115
直定規 14-15, 70
直角定規 16-17, 21, 68, 69, 80, 81, 82, 84, 86
ツイストドリル 41
包み接ぎ 79, 83
ティーナット 92
ティーボルト 92
低温硬化ラッカー 119, 123
手のこ
　糸のこ 25-27, 78, 91
　馬 23
　オフセット付きダブテールソー 24
　替え刃 27
　曲線挽きのこ 24, 25-27
　グリップ 22
　ビードソー 24
　コンパスソー 25-27
　逆手持ち 22
　縦挽きのこ 20
　つまる 22
　テノンソー 24, 80, 82, 85, 87
　ダブテールソー 24
　のこの柄 21
　のこ歯 21
　パネルソー 20
　万能のこ 20
　引き回しのこ 25-27
　挽き道 24
　フリーム歯のこ 20
　ほぞびきのこ 24
　マイターソー 69
　回し挽き 26

木質ボード 66
弓のこ 21, 23, 25-27
横挽きする 23, 24
横挽きのこ 20
デプスゲージ 17
電源 9
電動ドライバー 44
電動ドリル 42-43
砥石 36-37, 39
砥石類 36-37, 39, 107
桐油 125
留め具 11
留定規 16-17, 21, 69, 77
ドライバー 44
ドライバービット 41, 44
校正した定規類 14, 52
ドリルスタンド 73
ドリルチャック 42
ドリルビット 12, 41, 43, 76
ドリルビットガイド 73-75

な
長棹罫引き 18
ニス 110, 113, 115, 116-118, 123
ネイルハンマー 28
のこ身 27
ノバキュライト 37
のみ
　追い入れのみ 29, 81, 91
　研磨 38-39
　こてのみ 29
　しのぎのみ 29, 38
　丸のみ 29
　向待のみ 29, 88-89
　木材 97

は
刃 38-39
刃返り 39
ハード・アーカンサス砥石 37
不要部分 76-87, 89, 91
パイプクランプ 45, 94
ハイライト 115
パテ 96-97
バリ 39, 54, 59, 71, 107
バレルナット 92
ハンドドリル 40-41
ハンマー 28
挽き道 22, 24
非毒性オイル 125
ピンチロッド 15, 94
ピンハンマー 28
フィリップス・ドライバー 44
フェイスマスク 9, 106
フォルストナービット 43
フック付き定規 14
プラグカッター 43
ブラック・アーカンサス砥石 37
フランスワニス 111, 115, 122
古艶 57, 123
粉じん 8-9, 106
ヘルメット 106
ボード類
　ウェハーボード 65

合板 60-62
高密度 63
作業 66
収納 63
繊維板 63
中質繊維板(MDF) 63, 99
低密度 63
パーティクルボード 64, 99
ハードボード 63
フレークボード 65
ブロックボード 62, 66
曲がり 15
木端面の薄い 102
ラミンボード 62, 66
ホーニング 38-39, 107
防音保護具 9
ボウモンタージュ法 97
保護メガネ 9
ポジドリブ・ドライバー 44
罫引き(節罫引き) 18-19, 78, 88
ボルト 92

ま
マイナスドライバー 44
巻き尺 14-15
マスク 9, 106
丸のみ 29, 39
万力 10-11, 107
水砥石 37
メートル法の定規 14, 52
目止め剤 96, 108
モールディング 101-102, 114-115, 118
木材
　板 107
　入り皮 53
　色 57, 109, 115, 123
　選ぶ 52-53
　オイル仕上げ 111, 117, 124-126
　加工性 58-59
　カビの発生 53
　木口 77, 78, 79, 85, 89, 96, 101, 106, 113-114
　木口の割れ 96
　木取り表 52
　木の原産地 48-52
　削る 107
　欠点 52-53, 96
　研磨する 101-106
　広葉樹材 48, 52, 55, 57, 60, 64, 87, 98-99, 102, 124
　購入 52
　合板 60-61
　細胞構造 48, 54
　仕上げ 48, 57, 96-126
　識別 48
　質感 48, 54-55, 57
　染み 53, 108
　充填 96-97
　修復材 96-97
　植物学的分類 55
　ホワイトリング 126

早材 51, 54-55, 114
染める 110-111
耐久性 55
多用性 58-59
単板 54, 103, 114
着色する 109, 110-114
等級 52
塗料 110
針葉樹材 48, 52, 57, 60, 64, 70, 87, 94, 98, 114
ニス 110, 113, 115, 116-118, 123
年輪 53, 54
晩材 51, 54-55, 114
被子植物 48-49
漂白 109
表面のべたつき 126
節 52-53, 97
古艶 57, 123
補修する 108
バリ 39, 54, 59, 69, 71, 107
虫くい 53, 96
モールディング 101-102, 114-115, 118
木材の特性 54-55
木材の割れ 53, 96
木目 24, 35, 48, 52-55, 60, 70, 101, 107-108, 122
杢目 54, 57
木目を活かす 102-104, 111, 118
裸子植物 48-49
ワックス仕上げ 120-123
木質ボード 8, 12, 60-66, 93, 103
木工用クランプ 45, 70, 94

や
横挽き 24

ら
ラチェット・ドライバー 44
ラッカー 116

わ
ワックス
　液体状ワックス 121, 123
　カルナウバワックス 97, 120-121
　仕上げ 123, 126
　シリコンオイル 121
　着色ワックス 115, 121
　刷毛 122
　フロア用ワックス 121
　ペースト状ワックス 121
　蜜蝋 120
　目止め剤スティック 96
　木材旋盤加工用スティック 121
われや穴の充填 96-97